脱毒生姜培育与高产栽培技术

高山林　韦坤华　编著

金盾出版社

内 容 提 要

生姜是药食两用的经济植物，具有栽培容易、产量高、经济效益好等优点。然而，病毒病是困扰当前生姜生产的一大难题。利用现代生物技术培育脱毒生姜，为解决该问题提供了良好的途径。本书介绍了生姜脱毒的相关技术原理、方法及与脱毒生姜配套的高产栽培技术。内容包括：生姜基础知识，生姜品种培育，脱毒生姜的培育，生姜产量构成及其影响因素，脱毒生姜高产栽培技术，生姜病虫害防治，生姜贮藏与加工。语言通俗易懂，内容实用先进，可操作性强，适合农业技术人员和生姜种植专业户阅读使用，亦可供相关专业院校师生学习和参考。

图书在版编目(CIP)数据

脱毒生姜培育与高产栽培技术 /高山林，韦坤华编著. -- 北京：金盾出版社，2013.3(2013.9 重印)

ISBN 978-7-5082-7886-5

Ⅰ.①脱… Ⅱ.①高…②韦… Ⅲ.①姜—蔬菜园艺 Ⅳ.①S632.5

中国版本图书馆 CIP 数据核字(2012)第 222220 号

金盾出版社出版、总发行

北京太平路 5 号(地铁万寿路站往南)

邮政编码：100036 电话：68214039 83219215

传真：68276683 网址：www.jdcbs.cn

封面印刷：北京凌奇印刷有限责任公司

正文印刷：北京军迪印刷有限责任公司

装订：兴浩装订厂

各地新华书店经销

开本：850×1168 1/32 印张：5 字数：116 千字

2013 年 9 月第 1 版第 2 次印刷

印数：6 001～11 000 册 定价：10.00 元

前　言

生姜(*Zingiber officinal Rosc.*)原产于我国及东南亚热带雨林地区，在我国栽培历史悠久，目前生姜的栽培已遍及全国，用途也不仅仅局限于调味蔬菜。现代医学研究发现，生姜味辛微温，具有发汗解表、温里散寒、止呕止泄、温肺化痰、解毒等功能，亦具有促进消化液分泌、增进食欲、促进血液循环、增强新陈代谢等功效，因此生姜也是重要的中药材及保健蔬菜。生姜还可加工姜油、姜酒等工业制品，并可加工香料，在国际市场上十分看好。其已经成为我国重要的出口创汇蔬菜。近年来各地发展很快。

但是生姜在生产上长期采用无性繁殖，容易感染多种病毒病。感染了病毒病的生姜品质差，叶片皱缩，生长缓慢，一般减产30%～50%。对病毒病目前还没有特效药剂防治，这严重影响了生姜生产。

针对生姜病毒病这一生产难题，中国药科大学遗传育种教研室高山林教授率领其博士、硕士研究生团队，经过多年努力，应用生物技术中的分生组织热处理脱病毒技术，率先在国内成功地获得了生姜优良品种的无病毒苗，经反复病毒鉴定，脱病毒彻底。生姜脱病毒苗在多年的生产上表现出了以下优点：生长快，长势旺，茎叶粗壮，根深叶茂，分蘖多；抗病能力强，姜瘟病明显减轻，同时耐高温，抗寒，抗逆能力强；生姜外观好，色泽鲜黄，均匀整齐；生姜辣味浓，姜油含量高、质量优，产量高，比同品种非脱毒生姜每667米^{2}可增产50%～100%。

本书介绍了生姜的实验室脱病毒技术和配套的脱毒生姜高产栽培技术，适合农业院校相关专业师生、农业技术人员和生姜种植专业户学习和使用。

本书在编写过程中参考了众多有关生姜研究的科技文献及资料，在这里向相关的研究人员、作者一并表示感谢。

由于编者水平所限，书中难免有不当之处，欢迎读者批评指正，以便日后再版时改进提高。

高山林
中国药科大学

目　录

第一章　生姜基础知识

一、生姜的经济价值

生姜，为姜科、姜属多年生宿根草本植物（图 1-1），其拉丁名称是 *Zingier offiinle Ros.*。生姜的根茎肉质肥厚、扁平，是人们通常所称的生姜，多分枝，具有芳香和辛辣味。《中华本草》记载：生姜，多年生草本，高 50～80 厘米。根茎肥厚，断面黄白色，有浓厚的辛辣气味。叶互生，排成 2 列，无柄，抱茎；叶舌长 2～4 毫米；

1

2

图 1-1　生姜形态特征

1. 地下根茎　2. 地上植株

叶片披针形至线状披针形，长 15～30 厘米，宽 1.5～2.2 厘米，先端渐尖，基部狭，叶革鞘状抱茎，无毛。花葶自根茎中抽出，长 15～25 厘米；穗状花序椭圆形，长 4～5 厘米；苞片卵形，长约 2.5 厘米，淡绿色，边缘淡黄色，先端有小尖头；花萼管长约 1 厘米，具

3 短尖齿;花冠黄绿色,管长 2～2.5 厘米,裂片 3,披针形,长不及 2 厘米,唇瓣的中间裂片长圆状倒卵开,较花冠裂片短,有紫色条纹和淡黄色斑点,两侧裂片卵形,黄绿色,具紫色边缘;雄蕊 1,暗紫色,花药长约 9 厘米,药隔附属体包裹住花柱;子房 3 室,无毛,花柱 1,柱头近球形。蒴果。种子多数,黑色。花期 8 月。

生姜素以药食俱佳著称,自古以来就是我国典型的药食同源佳品,被列入国家卫生部确定的既是食品又是药品的首批名单。民间也广泛流传着不少关于生姜药食两用功效的谚语,诸如“一杯茶、一片姜,驱寒健胃是良方”、“早上三片姜,胜过饮参汤”、“每天三片姜、不劳医生开处方”、“一杯姜汤老少平安”、“十月生姜小人参”、“冬吃生姜,不怕风霜”、“饭不香,吃生姜”等,说明常吃生姜可以温中暖胃、祛病养生。

(一) 生姜的药用价值

生姜是正式收入《中国药典》的中药品种,其中英文标准名称,植物学性状,功能,用法,用量和药用价值如下:

【拼音名】 Shēng Jiāng。

【英文名】 RHIZOM ZINGIERIS REENS。

【中文名】 生姜。

【来　源】 本品为姜科植物姜(*Zingier offiinle Ros.*)的新鲜根茎。秋、冬二季采挖,除去须根及泥沙。

【性　状】 本品呈不规则块状,略扁,具指状分枝,长 4～18 厘米,厚 1～3 厘米。表面黄褐色或灰棕色,有环节,分枝顶端有茎痕或芽。质脆,易折断,断面浅黄色,内皮层环纹明显,维管束散在。气香特异,味辛辣。

【炮　制】 除去杂质,洗净,用时切厚片。

【性　味】 辛,微温。

【归　经】 归肺、脾、胃经。

【功能主治】 解表散寒，温中止呕，化痰止咳。用于风寒感冒，胃寒呕吐，寒痰咳嗽。

【用法用量】 3～9克。

【贮　藏】 置阴凉潮湿处，或埋入湿沙内，防冻。

【备　注】 生姜用于解表，主要为发散风寒，多用治感冒轻症，煎汤，加红糖趁热服用，往往能得汗而解，也可用作预防感冒药物。生姜发汗作用较弱，常配合麻黄、桂枝等同用，作为发汗解表辅助的药品，能增强发汗力量。生姜为止呕要药，可单独应用，治疗胃寒呕吐。也可治胃热呕吐，配合半夏、竹茹、黄连等同用。生姜能解鱼蟹毒，单用或配紫苏同用。此外，生姜又能解生半夏、生南星之毒，煎汤饮服，可用于半夏、天南星中毒引起的喉哑舌肿麻木等症。因此在炮制半夏、南星的时候，常用生姜同制，以减除它们的毒性。

生姜的药用广泛，大约50%的中医处方里均有姜片。传统中医认为，生姜味辛；性微温；归肺、脾、胃经；具有解表散寒，温中止呕，化痰止咳的功效。用于治疗感冒风寒，呕吐，痰饮，喘咳，胀满，泄泻等疾病；还可用于解半夏、天南星及鱼蟹、鸟兽肉之毒。古人曾作"生姜为呕家圣药"、"真药中神圣也"、"生姜治百病"。可见，生姜是集食用、调味、药用为一体的多种用途的蔬菜，是人们日常生活不可或缺的。古书上也曾记有生姜能"御百邪"，指的就是生姜能抵御因受寒所引起的一些疾病，所以一般得了风寒感冒，人们总是喜欢喝上一碗热热的生姜汤以驱寒；在下冷水、经雨淋、受寒时也都有饮服生姜汤的习惯，以免受寒得病。药理研究表明，生姜醇提取物能兴奋血管运动中枢，能促进外周血液循环，服后自觉全身温暖并可发汗；生姜所含的生姜辣素能促进胃液分泌及肠管蠕动，所以有健胃，助消化之效。生姜所含生姜酮、生姜烯等成分有镇呕功效，温中止呕，能治胃寒呕吐，因此具有止呕作用。除此之外，生姜还具有抗氧化、抗过敏、抗肿瘤、降低胆固醇等作用。

除了鲜品外，生姜的干品、炮制品也可以入药，且其临床应用并不相同。

1．干姜　指生鲜老姜除去须根及泥沙，晒干或烘干后得到的干品。干姜较之生姜辛热，具有温中散寒，回阳救逆，温肺化饮之功效。干姜的醇提液能够直接兴奋心脏，对血管运动中枢有兴奋作用，所以干姜能够温中散寒，促进血液循化，服后肠胃有温暖感，主治脾胃寒冷等症状。干姜中的姜醇成分能反射性兴奋血管运动中枢，通过交感神经兴奋，使血压上升，故可治疗阳气衰的亡阳之证，心衰，血压下降的心肾阳虚，阴寒内盛所致之亡阳厥逆，脉微欲绝者。干姜所含挥发油及辛辣成分能使寒饮之邪外散，主治寒饮咳喘症 ，如小青龙汤中采用。

2．炮姜、姜炭　为干姜炒至表面微黑，内成棕黄色，再炒黑后即成炮制品。炮姜苦、辛温，温中散寒，温经止血，其辛燥之性较干姜弱，温里之力不如干姜迅猛，但作用缓和持久，且长于温中止痛，止泻和虚寒性出血，如用于脾胃虚寒之腹痛，腹泻，霍乱转筋的附子理中丸，以及治脾胃虚寒便血的艾叶丸(圣惠方)。

姜炭苦、涩、温，归脾、肝经，其辛味消失，守而不走，长于止血温经，其温经作用弱于炮姜，固涩止血作用强于炮姜，可用于各种虚寒性出血，且出血较急，出血量较多者。如治疗血崩多用干姜炒黑存性，为末，米饮调服；治血痢不止多用生姜炭。

3．生姜汁

(1)制取方法　①直接榨汁，取鲜姜切碎布包压汁；②取鲜姜或干姜加水煎煮两次取提液汁直接服用。

(2)作用　①解除食药中毒，如鱼、蟹、虾等，以及服用药物，如半夏、天南星之类中毒反应(恶心、呕吐等)，服用生姜汁 2～3 克，日服 3 次可解毒。②作为辅料可缓和药性，扩大用药范围。例如，对于黄连，生姜汁不仅抑制其苦寒之性，并具有降逆止呕作用，可用于胃热呕吐；对于草果用生姜汁炙可起增强温胃止呕，消滞除胀作用，对消化不良、平素脾胃虚寒的病症起协同作用；厚朴对咽喉有一定刺激性，生姜汁炙后可缓和其刺激性，并增强宽中和胃，温中化湿的作用。本品使用注意事项：孕妇慎用，阴虚内热、血热妄行者忌用。

4. 生姜皮　即生姜的外皮。性味辛凉，与生姜肉药性正好相反，因此食用生姜或药用生姜时，有“留姜皮则凉，去姜皮则热”之说。生姜皮有利尿消肿之功效，适用于小便不利、水肿等症，可配合冬瓜皮、桑白皮等同用。一般用量为五分至一钱五分，煎服。

（二）生姜的食用价值

除了具有较高的药用价值外，生姜还是人们日常生活中必不可少的一道蔬菜和调味品。还可以制成各种类型的生姜茶。

古训《千字文》里有“菜重芥姜”的字句，即：蔬菜中的珍品是芥菜和生姜。故古人称之为“蔬中拂士”，又有“菜中之祖”的雅称。两千五百多年前，思想家孔子有“不撤姜食”之说。生姜分嫩老，老姜多为药用或做调味品，而嫩姜也称为紫姜或子姜，也可作为蔬菜单独食用，也可制作成姜糖、酸姜等美味可口的小食品。

生姜是非常重要的调味品，由于其具有芳香的辛辣味，可提取香精，用于调配糕点和饮料，还有去腥、去臊、去臭的功效。生姜、葱、蒜是中国菜肴的“三大法宝”，是每家每户必备的调味作料。在肉类烹调中，加入生姜能增味、嫩化、去腥、去膻、增鲜、添香、护色、清口。重庆人上“小洞天”吃小笼蒸包，佐点姜丝，别有一番风味。正如苏东坡诗云：“芽姜紫醋炙银鱼，雪腕擎来二尺余，尚有桃花春气在，此中风味胜莼鲈。”生姜与羊肉相配，可补阳暖腹、驱寒保暖，是进补佳品。

生姜还是重要的保健食品。北宋大文豪苏东坡的《东坡杂记》载：“监郡塘，游净慈寺，众中有僧号聪药王，年八十余，颜如渥丹，目光炯然，问其养身之道，答曰：‘服姜四十年，故不老云’。”古医书

《奇效良方》记载:“一斤生姜半斤枣,二两白盐三两草,丁香、茴香各半两,四两茄香一起捣。煎也好,煮也好,修好此药胜如宝。每日清晨饮一杯,一世容颜长不老”。流行在大众生活中的姜粥、姜酒、姜汤、姜醋、姜茶等诸种吃法,也都不失其医疗保健的作用。

现代研究证明,生姜的营养成分十分丰富,含有丰富的糖类、蛋白质、脂肪、纤维素、多种维生素和矿物质,还含有姜辣素、姜油酮、姜烯酚和姜醇等特殊成分,使生姜具有特殊的辛辣味。据中国科学院卫生研究所发布的食物成分表所示,每500克鲜姜含碳水化合物40克、脂肪3.5克、蛋白质7克、纤维素5克、胡萝卜素0.9毫克、维生素A 20毫克、维生素$B_1$0.05毫克、维生素$B_2$0.2毫克、烟酸2毫克、维生素C 20毫克、矿物质7克、钙100毫克、磷225毫克、铁35毫克,这些都是维持人体健康不可缺少的养分。

(三)生姜提取物在工业上的应用价值

生姜含有多种挥发油成分,其提取物——姜精油和姜油树脂是香料工业中的重要原料,广泛应用于食品、医药、化工等领域,是常用的天然食品添加剂和功能性化妆品添加剂,还常用于加工各种香料。

二、生姜的起源、分布、命名与分类

(一)生姜的起源

生姜性喜温暖湿润,不耐寒冷、不耐霜冻,目前广泛种植于世界各热带、亚热带地区。关于生姜的起源,目前尚无定论,但主要有3种观点:

1. *东南亚起源* 前苏联农学家和遗传学家瓦维洛夫提出“基因中心学说”,认为生姜的起源应该在印度—马来西亚这一栽培植物起源中心，包括印度、缅甸、马来半岛、爪哇、加里曼丹、菲律宾在内的整个东南亚地区。

2. *我国云贵及西部高原地区起源*　我国西部高原在古代原有茂密的原始森林和广阔的草原。学者李璠认为古代的西部高原地区自然环境得天独厚，适合生姜的生长发育，同时他还发现我国南方山区有一种"球姜"植物，形态似生姜，但辛辣味较淡，西藏东部亚热带林区也分布有生姜科的野生植物，由此推断这种植物可能是栽培生姜的野生原始种，因此认为生姜的原产区应该是我国云贵高原和西部广阔的高原地区。

3. *我国长江流域、黄河流域起源*　华南植物研究所的吴德邻研究员根据我国栽培生姜的历史文献记载、出土文物、语源学等方面考证，认为生姜的栽培起源可能是我国古代的黄河流域和长江流域之间的地区。文献考证发现，除了春秋时代的《论语乡党》中"孔子不撤姜食"之说外，《吕氏春秋》中也记载"和之美者，蜀郡杨朴之姜"，说明在我国的春秋时代（公元前 722-前 481），生姜已经是普遍种植的蔬菜作物了，而生姜开始栽培应在此之前。先秦文献中虽散见中亚某些地名，而我国正式的对外往来可能是汉朝以后的事情，与南洋的海上交通则更晚，春秋以前似乎是不可能将生姜由印度尼西亚输入我国黄河流域，因此认为生姜的原产地极有可能是我国。

虽然对生姜的起源说法不一，但从生姜的分布和生物学特征来看，一般认为生姜原产于亚洲较温暖山区，包括我国和东南亚（印度—马来西亚一带）的热带雨林地区，我国的台湾省也有野生种。

生姜对环境的适应性较强，在世界各地的分布范围较广泛。生姜向世界各地的分布主要开始于公元 1 世纪。据文献记载，公元 1 世纪左右阿拉伯人从印度将生姜传入欧洲。3 世纪开始传入日本，11 世纪传至英格兰，1585 年传到美洲。目前世界各热带、亚热带地区都广泛栽培，但主要产区还是以亚洲和非洲为主。

生姜在我国的栽培历史悠久，但自古盛产于南方。北宋苏颂曾讲："生姜以汉温池州者为佳"（汉州即现在的四川成都、温州在现在的浙江省，池州即现在皖南的贵池）。明代后期，我国的北方地区才开始种植生姜，直到清代，北方才开始大面积栽培，现在除了东北、西北等寒冷地区不适合种植外，我国的绝大多数省份都有栽培，其中南方以广东、浙江、安徽、湖南、四川、山东、湖北等省栽培种植面积较大。随着生姜产业的发展，种植生姜的经济效益提高，目前辽宁、黑龙江、内蒙古和新疆的某些地区也开始引种试种，生姜产业的发展已成为各地农户致富的一个重要途径。

（二）生姜的命名

生姜的品种很多，名称有按地方命名，有按根茎皮色或根茎上的芽色命名。如云南玉溪黄姜，山东、四川、安徽铜陵白姜，贵州遵义大白姜，湖北枣阳姜、来凤姜，浙江余杭红爪和黄爪姜，福建红芽姜、竹姜，广东密轮大肉姜、疏轮大肉姜，广西桂林圆肉姜，山东莱芜片姜等。

1. 红爪姜　生长势强，根茎肥大，单株重 500 克，皮色淡黄，芽带淡红色，故名红爪。姜肉蜡黄色、纤维少，辣味浓烈，品质佳。

2. 密轮大肉姜（双排肉姜）　肉质根茎簇生，分生力强，分枝较密，成双排列。肉质致密，纤维多，辣味较浓，品质佳，姜肉与表皮淡黄色，姜芽紫红色，单株 0.75～2 千克，耐旱，抗病。

3. 疏轮大肉姜（单排肉姜）　肉质根簇生，分枝稀疏，成单排排列，根茎肥大，嫩芽粉红色，耐旱，忌水。肉黄白色，表皮淡黄色，味辣，纤维少，品质佳，单株 1～3 千克。

4. 竹生姜　生长势强，根茎节间长，稍细小，芽红色，内质纤维少，适于加工，单株重 0.5 千克左右。

(三)生姜的分类和类型

生姜的分类方法主要有3种:按生物学特性,按姜块大小、品质,以及按产品用途进行分类。

1. 按生物学特性进行分类

(1)疏苗型　植株高大,生长势强,一般株高80～90厘米,生长旺盛的植株可高达1米以上。茎秆粗壮,分枝少,通常每株有8～12个分枝,多者有15个分枝,排列较稀疏。叶片较大而厚,叶色深绿。姜块肥大,外形美观,多单层排列,姜球数较少、肥大,姜球节较少。该类型生姜的丰产性好,产量高,商品质量优良。其代表品种如山东莱芜大姜、安丘大姜,广东疏轮大肉姜等。

(2)密苗型　植株株高中等,一般株高65～80厘米,生长旺盛的植株可高达90厘米以上,生长势较强。分枝性强,单株分枝多,通常每株有10～15个分枝,生长旺盛的植株可达20个分枝以上。叶片稍小而薄,叶色翠绿。姜块姜球数较多,且姜球一般较小,节多而密,多数双层或多层排列,其代表品种如山东莱芜片姜、广东密轮细肉姜、浙江临平红爪姜、江西兴国姜、陕西城固黄姜等。

2. 按姜块大小、品质分类

(1)小姜型　植株矮生,叶片较小,分枝较多,较早熟。姜芽不带红色,姜块较小,皮色淡黄,姜球小,节间短密而较细瘦,单株块茎重300～500克,属于干姜类型,纤维较多,含水量较少,折干率较高,为15%～25%。姜块的辛辣味较强,以干姜做调味品或药材使用为主。较为著名的品种有:湖北来凤姜、枣阳姜,浙江临平黄爪姜,江西蒙山黄姜,云南玉溪黄姜等。

(2)中姜型　植株高度中等,一般60厘米左右,分枝数中等。块茎纤维少,含水量较多,不宜制干。嫩姜、老姜品质均较好,大都先收嫩姜,后收老姜,但以收老姜为主。嫩姜辣味较淡,肉质柔软,可直接当蔬菜食用,或加工糖渍;老姜块茎较大,每株块茎重

500～600克，辣味较强，主要作为调味品使用。但必须在充分成熟时采收才耐贮藏。较为著名的品种有：四川犍为白姜、安徽铜陵白姜、江西蒙山白姜、山东莱芜片姜、浙江红爪姜等。

(3)大姜型　植株高大，一般在80厘米以上，生长旺盛的植株可高达1米。叶数较多，叶片大而厚，但分枝较少。块茎肥大，姜球节间稀疏，外形较为美观，单株块重1 000克左右，含纤维量少，辣味淡，肉质柔嫩，含水量大，不耐贮藏，主要用于食用或加工糖渍。较为著名的品种有：广东疏轮大肉姜、广西玉林圆肉姜、福建红芽姜、四川竹根姜等。

3. 按产品用途分类

(1)食用、药用型　即药食兼用型。我国栽培的大多数生姜品种为此类型，以食用为主(蔬菜或调味品)，兼有药用效果。代表品种有：山东莱芜大姜、莱芜片姜，安徽铜陵白姜，江西兴国姜，广州肉姜，福建红爪姜等。也有少数品种以药用为主，兼供食用，如湖南黄心姜、鸡爪姜等。

(2)食用、加工型　该型生姜一般以嫩姜食用、老姜作为调味品(图1-2)，此外还可加工制成各种食品，其中以腌制品、糖渍品

图1-2　加工型蔬用姜

和酱渍品居多(图 1-3)。用于加工的姜块要求纤维含量少,水分含量高,肉质脆嫩,颜色较淡,辛香味浓郁芬芳,辣味淡而不烈。适于加工的品种有:浙江红爪姜、广州肉姜、安徽铜陵白姜、福建竹姜、江西兴国姜等。一般使用嫩姜作为加工原料,加工品色、香俱佳,品质较好。

图 1-3 生姜泡菜

(3)观赏型 这一类型的品种主要以其叶片上的美丽斑纹、花朵的颜色和形态、花的芬芳以及整个植株的优美形态供人观赏。属于生姜科生姜属的观赏姜,主要代表品种有莱舍生姜(别名纹叶姜)、花姜(别名球姜或姜华)、斑叶茗姜、壮姜、恒春姜、河口姜等。主要分布在我国台湾省及东南亚的一些地区。

三、生姜的生物学特性与生长发育

(一)生姜的生物学特性

生姜为姜科姜属草本植物,野生的生姜多为多年生宿根植物,但现在生产上常做一年栽培。生姜植株直立生长，分枝性强，一般每株具有 10 个左右的分枝，植株开展度为 45～55 厘米。其生物学特性可分为根、根茎、茎、叶和花 5 个部分。

1. 根的形态　生姜为浅根系须根植物，根系不发达，主要分布在半径 40 厘米、深 30 厘米的土层内，且主要根系多集中着生于姜母基部，吸水吸肥能力较差，对水肥要求较高。

生姜根有纤维根和肉质根 2 种。纤维根是从幼芽基部发生的数条纤细的不定根，为初生根，是种姜播种后首先萌发的根系。此后随着幼苗的生长，纤维根数不断增加，并在其上发生许多细小的侧根，为次生根系，这便形成了生姜的主要吸收根系。生姜植株进入旺盛生长期以后，在姜母和子姜的下部节上，还可发生若干条肉质不定根，直径约 0.5 厘米，长 10～25 厘米，白色，性状短而粗，其上一般不发生侧根，根毛也很少，兼具吸收和支持的功能。

2. 根茎的形态　生姜的根茎即为地下茎，也称块茎、根状茎，是生姜贮藏营养成分的器官，同时也是生姜的产品器官和繁殖器官。生姜根茎形态为不规则掌状，由若干个姜球组成，初姜球为姜母，姜母块较小，节间较稀。鲜姜颜色鲜艳，表皮浅黄色或鲜黄色，有的品种在嫩芽和节基部处有紫红色粗皮，剥取粗皮，肉质为黄白色。根茎上有节，节间短而密，节上生长弦状根、须根和芽。经贮藏后表皮变为土黄色，着生的根也脱落。

生姜的地下茎形成较早，当种姜发芽出苗后，逐渐长成主茎。随着主茎的生长，主茎基部逐渐膨大，形成一个小根茎，通常称为“姜母”。姜母两侧的腋芽可继续萌发出 2～4 根姜苗，即一次分枝，其基部逐渐膨大，形成一次姜块，称为子姜。子姜上的侧芽继续萌发，抽生新苗，为第二分枝，其基部膨大形成二次姜块，称为孙姜。如此继续发生第三、第四、第五次姜块，直到收获为止，便形成了一个由姜母和多次子姜组成完整的根茎。一般情况下，生姜的地上部分分枝越多，地下部分姜块也越多，越大，产量也越高。

3. 茎的形态　生姜的茎为地上部分茎，由根茎上的芽萌发而成。地上茎直立，有叶鞘包被，有茸毛，茎端不裸露在外，而被包在顶部嫩叶中。生姜的茎秆粗壮，一般高度在60～80厘米，水肥充足条件下，生长旺盛者可达1米左右，茎的伸长和加粗随着叶片的增加而增加，茎秆外部为深绿色，内部淡绿色，且外表粗糙，内部纤嫩。

生姜出苗后，在正常的生长条件下，地上茎每天增长1～1.5厘米，长速较为均匀。9月上旬以后，株高趋于稳定。幼苗期以主茎生长为主，发生分枝较少，较慢，通常有3～4个分枝，大约每20天发生1个分枝。8月上旬进入旺盛生长期后，生姜开始发生大量分枝，平均每5～6天即可增加1个分枝。10月中旬以后，气温逐渐降低，生长中心也转移到根茎，因而发生分枝数量逐渐减少。生姜的地上茎分枝多少与生姜的品种和栽培条件有关。一般疏苗型品种的茎秆较为粗壮，发生的分枝较少；而密苗型品种的分枝数则较多，分枝性较强。同一品种在不同的栽培条件下其分枝数也有差异，如土质肥沃，水肥充足，管理精细，则生姜的生长旺盛，分枝较多；如土质贫瘠，缺水缺肥，管理粗放，则生姜的生长势弱，分枝较少。

4. 叶的形态　生姜的叶片为披针形，绿色，具横出平行叶脉，互生，叶柄较短，顶端渐尖，基部狭长，一般叶长18～24厘米，宽2～3厘米，叶面光滑，多蜡质，有白色茸毛，在茎上呈2列排列。叶片下部为不闭合的叶鞘，叶鞘绿色，狭长二抱茎，起支持和保护作用，具有一定的光合作用能力。叶鞘与叶片连接处有一膜状突出物，即为叶舌。叶舌内侧为出叶孔，新生叶片都是从出叶孔内抽出，新叶较细小，卷曲成圆筒形，多为浅黄绿色，随后逐渐展平。栽培过程中如供水不均匀，则新生叶往往在出叶孔处变成畸形或不能顺利舒展抽出。若遇强光照射，叶片会向内皱折，缩小受光面积，降低蒸腾作用，以减少植株体内的水分蒸发。

生姜单株叶面积的生长变化特点为慢—快—慢。幼苗期以主茎叶生长为主，叶数增长速度较慢，出苗后 20 天内，每 3～4 天展一片新叶；此后 1 个月，平均每 1.5 天展叶一片；立秋后，展叶速度大大加快，但 10 月上旬以后气温下降，植株生长缓慢，叶片增长速度也随之减慢。

生姜叶片的寿命较长，从田间观察来看，10 月中旬早霜来临前，植株基部很少有枯黄衰老的叶片脱落，绝大部分叶片都保持绿色和完好状态。因此，在生产上采取科学的管理措施，促进主茎和第一、第二次分枝的叶片健壮生长，使其长期保持较强的同化能力，对提高生姜产量具有非常重要的意义。

5. 花的形态　生姜的花为穗状花序，淡黄色，花茎直立，高约 30 厘米，花穗长 5～7 厘米，花下有绿色苞片，叠生而成，花被不整齐，淡黄或橙黄色，花瓣紫色间白色斑点，有雄蕊 6 枚，雌蕊 1 枚。生姜开花者极少，我国北纬 25°以上的地区栽培均不开花。大棚种植虽然能够开花，但一般不结实。开花时间在夏伏间，花轴于夏秋间从根茎部抽出，花期 6～8 月。

生姜的各个器官的生长状况与产量有着十分密切的关系。据徐坤调查研究认为，生姜叶面积、分枝数和根鲜重与根茎产量的相关系数为 0.93、0.90 和 0.87，均达到显著水平，表明这三者对根茎产量具有显著影响。因此，保持生姜地上部分生长健壮，叶面积较大，分枝数较多，根系发达，则可获得较高的根茎产量。生姜的叶、茎及地下组织中都含有挥发性的生姜油酮及生姜油酚，其组织破裂后均有辛辣味，是工业上提取香精的重要原料。

（二）生姜的生长发育

生姜从催芽播种到收获的生长时间一般在 200 天以上，比一般蔬菜生长周期稍长。生姜的生长过程可分为发芽期、幼苗期、旺盛生长期和根茎休眠期四个阶段。

1. 发芽期　从种姜幼芽萌动到第一片姜叶展开的时期为发芽期，一般需 40～50 天，但温度较高的情况下姜芽萌发的时间会缩短。这个时候生姜的生长量非常小，只占全生育期的 0.24%，主要依靠种姜提供养分，但却是植株器官发生和旺盛生长的基础。因此，必须精心选种，加强发芽期的管理，创造适宜的发芽条件，以保证顺利出苗。这一时期可分为幼苗萌动阶段、破皮阶段、鳞片发生阶段和成苗阶段。

2. 幼苗期　从第一片叶子展开展叶到具有 2 个较大的侧枝的时期为幼苗期，即所谓的“三股杈”期，需 65～75 天。这一时期姜苗开始吸收养分和制造养分，主要生长部位是主茎和根系，生长量不大，生长较慢，是为旺盛生长打基础的时期。在栽培管理上，应着重提高地温，促进发根，清除杂草，搭棚或插影障遮阴，以培育壮苗。

(1)旺盛生长期　从“三股杈”到收获为茎、叶和根茎的旺盛生长期，也是根茎形成的主要时期，需 70～75 天。可分为孙姜形成、爪姜形成、成熟期和完全成熟期。前期以茎叶生长为主，后期以根茎生长和充实为主。

(2)生姜形成期　从“三股杈”到地上茎长出 5～6 片真叶，此期以地上茎、叶生长为主，叶面积迅速扩大，根系继续发生，地上茎长出 5～6 片真叶时，根系发育完全，须根进入地表层，脱离种姜营养，子姜膨大，外侧着生第二分枝，形成孙姜，为形成器官的重要时期。栽培中需加强除草，追肥培土，为根茎膨大创造条件，历时 20～22天，要求日平均气温在 24 ℃以上。

(3)爪状姜形成期　地上茎 5～6 片真叶到 8～10 片真叶的时期，主茎旁子姜茎秆挺拔伸长，已见 3 根茎秆，姜芽成丛，根茎膨大如鸡爪状，在孙姜外侧着生小分枝数个(第四次分枝)。此时期是形成产品的关键时期，需重视追肥、培土，保持土壤湿润，促进植株旺盛生长，增强同化作用和输导功能。此时期历时 23～26 天，日平均气温应在 24 ℃以上。

3. 成熟期　地上茎长出 11～14 片真叶，茎秆粗壮，上部圆筒形，下部扁圆形，地下茎膨大已基本定型，子姜成熟可采收上市，产量基本稳定。历时 35～43 天，日平均气温应在 28 ℃以上。

4. 完全成熟期　地上茎长出 16～17 片真叶时，地下茎下部叶片枯黄，营养输送已结束，地下茎已膨大如掌盘，生姜皮呈老熟色，在生姜外侧着生第五、第六小分枝，一般不出土，仅现芽尖。历时 50 天，日平均气温应在 20 ℃以上。

5. 根茎休眠期　生姜不耐寒、不耐霜，初霜到来茎叶便遇霜枯死，根茎进入休眠。生姜收获后应在室内贮藏，适宜温度为 10～15 ℃，空气相对湿度 85％～95％，以减弱其生理活动，减少养分消耗，防止受冻和姜块失水干缩。

收获时的生姜根茎新鲜，呈黄色，姜球上的鳞片与地上茎秆基部的鳞片均呈淡红色，俗称鲜姜、嫩姜；经贮藏后，姜球上残留的地下茎和鳞片脱落，表皮老化变为土黄色，成为黄姜；作为种姜播种后，直到秋季收获后扒出，称为老姜。

四、影响生姜生长的环境因素

(一)温　度

生姜起源于热带和亚热带地区，为喜温性植物，不耐寒、不耐霜，且对温度的反应非常敏感。温度不仅直接影响各个器官的生长量和生长速度，而且影响各种生理活动的进行。因此，在栽培过程中，必须了解生姜各个生长时期对温度的要求，以便为生姜创造适宜的生长条件。

种姜在 16 ℃开始发芽，但温度过低，发芽极慢，发芽期长，16～17℃下处理 60 天，幼芽仅长到 1 厘米左右；22～25 ℃发芽较快，幼芽肥壮，一般经 25 天左右即可长到 1.5～1.8 厘米，粗 1～1.4 厘米，符合播种要求。但温度过高则不适合催芽，30 ℃以上发芽虽快，但芽细弱，生命力弱，不适合播种。茎叶生长期以 25～28 ℃为宜。在根茎旺盛生长期，为了积累大量养分，要求昼夜有一定温差，白天最好保持 20～25 ℃，夜间保持 18 ℃，15 ℃以下姜苗基本停止生长。

(二)光　照

生姜为耐阴作物，不耐强光，在强光下叶片易枯萎，且光照过强生姜叶片的光合作用反而降低。生姜幼苗期如遇高温及强光照射，常出现植株矮小、叶片发黄、生长不旺、叶片中叶绿素减少等症状，光合作用下降。但若连遇阴雨，光照不足，对姜苗的生长亦不利。姜苗在花荫状态下生长良好，苗期遮光可提高产量。因此，各地栽培生姜时均采用遮阴栽培，以提高经济效益。

(三)水　分

生姜为浅根性作物，根系不发达，主要分布在土壤表层 30 厘米的土层内，不能充分利用土壤深层的水分，吸水力较弱，而叶片的保护组织也不发达，水分蒸发快，因此，不耐干旱，在栽培中需要合理供水，以保证生姜的正常生长并提高产量。在幼苗期，生姜的生长缓慢，生长量较小，需水量不多，但苗期正处高温干旱季节，土壤蒸发快，而且生姜幼苗期的水分代谢活动旺盛，蒸腾作用较强，因此，需要提供充足的水分，以供幼苗的正常生长。土壤缺水而不能及时补充水分，姜苗生长就会受到严重抑制，出现植株矮小、生长不旺、产量下降等症状，即使后期供水充分也无法弥补。进入旺盛生长期后，生长速度加快，生长量逐渐增大，需要较多水分，尤其是在生姜根茎迅速膨大时期，应根据需要及时补充水分，以促进根茎的快速生长。此期如果缺水，不仅产量下降，生姜的品质也会下降。

(四)土　壤

生姜对栽培地土质要求不甚严格,适应性较广,沙壤土、轻壤土或重壤土都能正常生长,但以土层深厚肥沃、有机质丰富、通气良好、便于排水的土壤为宜。

不同的土质对生姜的产量和品质具有一定的影响。沙性土的优点是透气性好,春季地温升高快,生姜发苗快,所产的生姜光洁美观,含水量少,质粗味辣,生姜的晒制率高;缺点是保水保肥力差,有机质含量低,产量也较低。黏性土的优点是保水保肥力强,有机质含量高,土质肥沃,产量也较高;缺点是春季发苗较慢,所产的生姜含水量多,质细嫩,味淡,生姜干晒制率低。不同土质所产生姜的营养成分含量稍有差异,重壤土所产生姜的可溶性糖、维生素及挥发油的含量显著高于轻壤土或沙壤土;淀粉和维生素的含量则比较接近。

土壤的酸碱度对生姜也有一定的影响。生姜在幼苗期,尤其是小苗时期对土壤的酸碱度的适应性较广,反应不敏感,但在幼苗生长后期,酸碱度的影响逐渐明显,尤其是进入旺盛生长期以后,酸碱度的影响越来越显著。

土壤酸碱度的强弱对生姜地下根茎和地上茎叶的生长都有显著影响。生姜喜中性或微酸性土壤,不耐强酸及强碱性土壤,以pH 值 5～7 的范围内较好,在此条件下植株生长良好。土壤碱性过高,对生姜各器官的生长具有明显的抑制作用,如 pH 值在 8 以上时,出现植株矮小、叶片发黄、长势弱、根茎发育不良等症状。如需在盐碱涝洼地种植生姜,则需先进行土壤改良,把土壤的酸碱度调整到适合生姜生长的范围,才能获得产量高、品质好的产品。

(五)营养成分

生姜的根系较浅,且不发达,能够伸入到土壤深层的吸收根很少,吸肥能力较弱,因此对养分的要求较为严格。由于生姜的分枝数较多,植株较大,单位面积种植植株数也较多,生长期长,所以全生长期需肥量较大。

生姜是喜肥作物,也是需肥量较大的作物。据试验,中等肥水条件、667 米^2 产量 2280 千克的水平下,每生产 1000 千克鲜姜,吸收的氮、磷、钾分别为 10.4 克、2.64 克和 13.58 克。据生姜区大面积姜田观察发现,凡是生长旺盛,生长势强,667 米^2 产量在 3000 千克以上的高产姜田,一般都具有土壤肥力高、肥水充足的基本条件;而植株矮小,生长势弱,营养不良,667 米^2 产量在 1 500 千克以下的姜田,一般都是土壤贫瘠,施肥不足,营养缺乏,可见营养状况对生姜的产量有着重要的影响。

五、生姜栽培的特点

改革开放以来,随着种植业结构的调整和高产、高效农业的发展,生姜的种植面积也迅速扩大。1994 年全国的种植面积约为 4 万多公顷,2004 年仅山东省安丘市的姜种植面积就已发展到 1.4 万公顷。生姜的栽培也由零星种植向规模化、产业化发展。近年来随着科技成果的推广普及,生姜品种优化改良、栽培技术水平提高,生姜的单位面积产量不断提高,经济效益显著。而且随着对外贸易的发展,生姜及其加工产品大量向外出口,在国际市场上占据一席之地,成为我国主要的出口创汇农产品之一。因此,生姜生产已经成为种植业中商品率高、见效快、经济效益好的优势产业之一。生姜栽培具有以下特点:

一是栽培容易，田间管理简单。生姜对气候、土壤等环境条件的适应性较强，种植栽培范围较广，除寒冷地区（如我国的东北地区）外均可种植。种植生姜的田间管理用工较少，与其他农作物相比较，不需支架、绑蔓，也不需陆续采收，田间病虫害较少，田间管理工作较为简单。

二是产量高，成本低，经济效益好。不同类型的生姜，不仅在生态适应性、块茎形态、品质上有差异，产量也有所不同。一般生姜每667米^{2}产量为2000～2500千克，丰产田块可达3000～4000千克，优良品种的高产田块甚至高达5000千克以上。种植生姜的用种量较大，前期投资成本较大，但种姜可作为产品回收，且种姜经过栽培后只有很少一部分养分供新器官生长，新生茎叶的一部分养分回流种姜中，因此种姜的重量基本上不会减轻或略有增加，辛香风味亦比种植前浓郁，品质反而有所提高，因而有种姜不蚀本一说。由此看来，生姜的栽培成本主要来源于种植过程中使用的肥料和人工。根据目前的市场走势，生姜的价格维持在10元/千克左右，个别地区的价格甚至超过15元/千克，因此种植生姜具有很高的经济效益。

三是耐贮藏、耐运输，可远距离调运。与叶、果类蔬菜相比较，生姜的含水量较少，表皮较厚，因而能长期贮存。北方地区采用窖藏法，一般能够存放3年以上，且生姜的质量保持良好。在贮藏期间，可根据市场需要，随时取出销售，以满足市场需要。近年来由于发达国家生姜种植成本的增加，栽培面积逐年减少，美国、日本、欧盟、中东、东南亚等国家和地区纷纷从我国进口，因而生姜的国际市场需求相对旺盛，为生姜的出口创汇提供了机遇。除了原产品外，脱水姜片、保鲜姜块、风干姜块、生姜泥、酸姜芽、软化姜芽等也可供出口创汇。生姜的提取物姜精油和姜油树脂也是出口的产品之一。

综上所述，生姜真正是集调味品、食品、食品加工原料、药材为一体的多用途经济作物。国内外市场销量巨大，是农村发展高效农业的理想经济作物。

第二章 生姜品种培育

一、生姜地方品种

我国栽培生姜的历史悠久，资源十分丰富，各地地方品种较多。这些地方品种都是在当地的自然条件下，经过人们的长期选择、驯化和培育而成，具有较强的适应性、良好的丰产性、优良的品质和独特的使用价值。目前我国各地大量使用的主要栽培品种为30～40个，这些品种的产量、抗性、品质、风味各有特点。现将主要品种介绍如下：

（一）山东莱芜姜

该品种是山东莱芜市著名地方品种，已有百余年的种植历史，为山东名产蔬菜之一，也是我国生姜主要出口品种。莱芜市各乡镇及邻近各县、市普遍种植。当地栽培主要有2个品种：

1. *莱芜片姜* 又名莱芜小姜。生长势较强，一般株高70～80厘米。叶呈披针形，叶色翠绿，分枝性强，每株具10～15个分枝，多者可达20枚以上，属密苗类型。根茎黄皮黄肉、姜球数较多，且排列紧密，节间较短。姜球上部鳞片呈淡红色，根茎肉质细嫩，辛香味浓，品质优良，耐贮运。一般单株根茎重500克左右，重者可达1000克以上。一般667米^{2}产量为1500～2000千克，高者可达3000～3500千克。实行双膜、秋延迟保护栽培的667米^{2}产量达5000千克以上。

莱芜片姜对栽培条件较为敏感，在气候适宜、肥水充足、管理精细的情况下，则发生分枝多，各次姜球也多，常呈双层或多层排列，根茎大而厚，成为"马蹄姜"。在土壤贫瘠、管理粗放的条件下，植株生长势弱，分枝少，地下部姜球亦少，多呈单层排列，根茎薄而瘦小，称为"扇面姜"。

2. 莱芜大姜　山东省著名特产，是我国北方主栽培品种之一。植株高大，生长势强，一般株高75～90厘米，高水肥条件下长势旺盛的植株可高达1米以上。叶片大而肥厚，叶色深绿，茎秆粗壮，分枝数较少，每株为6～10个分枝，多者达12个以上，属疏苗类型。根茎姜球数较少，但姜球肥大，节小而稀，外形美观。刚收获的鲜姜黄皮、黄肉，经贮藏后表皮呈灰土黄色，辛香味浓，辣味较片姜略淡，纤维少，商品质量好，产量高，一般单株重约800克，重者可达1500克以上。通常667米^{2}产量为3000千克，高产田可达4000～5000千克。实行双膜、秋延迟保护栽培的667米^{2}产量达7000～8000千克。近年来，由于该品种产量高，出口销路好，颇受群众欢迎，种植面积不断扩大。

(二)广州肉姜

该品种为广东省广州市郊农家品种，在当地栽培历史悠久，分布较广，在广东省普通栽培，多进行间作套种，在当地一般于2～3月份种植，7月份至翌年2月份均可采收鲜姜，根茎可在田间越冬。产品除供应国内市场外，大量出口供应国际市场，加工品糖姜是广东的出口特产之一。当地栽培主要有2个品种：

1. 疏轮大肉姜　又称单排大肉姜。植株较高大，一般株高70～80厘米，叶披针形，深绿色，茎粗1.2～1.5厘米，分枝较少，属疏苗型。根茎肥大，皮淡黄色，较细，肉黄白色，嫩芽为粉红色，姜球成单层排列，纤维较少，质地细嫩，品质优良，产量较高，但抗病性稍差。一般单株根茎重1000～2000克，间作667米^{2}产量1000～1500千克。高畦栽培，畦宽2米(连沟)，株距25～30厘米，3月份播种，7～8月份采收嫩姜，10月份至翌年2月采收老姜。

2. 密轮细肉姜　又称双排肉姜，主要分布在广州市北郊、从化一带。株高60～80厘米，叶披针形，青绿色，叶长15～20厘米，宽2～2.5厘米。分枝力强，分枝较多，属密苗型。姜球较小，成双层排列。根茎皮、肉皆为淡黄色，肉质致密，纤维较多，辛辣味稍浓，抗旱和抗病力较强。生长期为150～180天，喜阴凉，适于间作，忌土壤过湿。一般单株重700～1500克，间作667米^{2}产量800～1000千克。

(三)浙江红爪姜(别名大秆黄)

该品种为浙江嘉兴市新丰及余杭县临平和小林一带农家品种，植株生长势强，株高70～80厘米，叶披针形，深绿色，叶长22～25厘米，宽约3厘米。植株分枝力强，一般每株地上茎22～26个分枝，茎粗1厘米，属密苗类型。根茎肥大，皮淡黄色，芽带淡红色，故名红爪。肉蜡黄色，纤维少，味辣，品质佳。嫩姜可腌渍或糖渍，老姜可作调味香料。喜温暖湿润环境，不耐寒冷，不耐干旱，抗病性稍弱。通常于4月下旬至5月上旬播种，6月上旬搭棚遮阴，9月上旬拆棚，可于8月上旬采收嫩姜，11月上旬采收老姜。单株根茎重400～500克，重者可达1000克以上，一般667米^{2}产1200～1500千克，高产者达2000千克左右。

(四)浙江黄爪姜

该品种为浙江临平一带的地方品种，在当地的栽培历史较为悠久。相较于红爪姜，黄爪姜的植株较矮，地上茎稍细，一般株高60～65厘米，开展度40～50厘米。每株分枝13～17个，属于密苗型。叶片深绿色，叶长22～24厘米，叶宽2.8～3.0厘米。根茎大小中等，姜球节间短，排列较紧密。姜块淡黄色，芽不带红色，故名黄爪姜。肉质致密，辛辣味较浓，植株的抗病性较强，但产量较低，一般单株根茎重250～400克，667米^{2}产1000～1200千克。

当地于4月下旬播种,6月下旬采收种姜,8月上旬采收嫩姜,11月上旬收获老姜。

(五)浙江新丰生姜

该品种为浙江省嘉兴市新丰镇的优良地方品种,具有辣度高、纤维多、耐贮藏的特点。嫩姜脆嫩,味鲜美,老姜质坚实,辣味足、香气浓郁。

(六)安徽铜陵白姜

该品种为安徽铜陵地方品种,是安徽省的著名特产铜陵"八宝"之一,栽培历史约600余年,早在明清初就远销东南亚诸国。植株生长势强,株高70~90厘米,生长旺盛者可高达1米以上,分枝多,一般15~20枝。叶窄披针形,深绿色。嫩芽粗壮,深粉红色,姜块肥大,鲜姜呈乳白色至淡黄色,嫩芽粉红色,外形美观,纤维少,肉质细嫩,辛香味浓,辣味适中,品质优。单株根茎重300~500克,667米^{2}产鲜重1500~2000千克。

(七)玉林圆肉姜

该品种为广西地方品种,广西各地均有种植,以玉林地区栽培较多。植株较矮,一般株高50~60厘米,分枝较多,属密苗型,茎粗约1厘米,叶青绿色,根茎皮淡黄色,肉黄白色,芽紫红色,肉质细嫩,辛香味浓,辣味较淡,品质佳,较早熟,不耐湿较抗旱。抗病能力较强,耐贮运。单株重一般500~800克,最重可达2千克。

(八)来凤姜

该品种为湖北来凤农家品种,又称凤头姜,在当地栽培历史悠久,主要分布鄂西地区的来凤、恩施等地。植株较矮,分枝较多,属密苗型。叶披针形,绿色,根茎黄白色,嫩芽处鳞片为紫红色,姜块表面光滑，肉质脆细，纤维少，辛辣味较浓，香味清纯，含水量较高，品质良好，适宜于蜜饯加工，但不耐贮藏。通常于4月下旬至5月上旬播种，10月下旬至11月初采收，一般667米^{2}产1500～2000千克，高产田可达4000千克。

（九）湖北枣阳姜

该品种为湖北省枣阳县的农家品种。姜块鲜黄色，姜球呈不规则排列，辛辣味较浓，品质良好。既可作辛香调料，亦可作腌渍原料。该品种不耐强光，也不耐高温，生长期间需搭配遮阴。当地于5月上旬播种，10月下旬采收，单株鲜重300～400克，重者可达500克以上，一般667米^{2}产2500～3000千克。

（十）湖南长沙红爪姜

该品种为湖南长沙的地方品种。植株株高约75厘米，株型稍开张。叶披针形，深绿色，叶长约25厘米，宽约2.7厘米，互生，在茎上排成两列，叶片表面光滑。根茎表皮淡黄色，姜肉黄色，嫩芽浅红色。单株鲜重300～500克，生长期150天左右，667米^{2}产1000～1500千克。

（十一）江西兴国姜

兴国九山姜是江西名特蔬菜之一，为兴国县留龙九山村古老农家品种。株高一般70～90厘米，分枝较多，茎粗1.1～1.2厘米，茎秆基部稍带紫色并具特殊香味，属密苗型。叶披针形、绿色，叶长22～25厘米，叶宽2.8～3厘米。根茎肥大，姜球呈双行排列，皮浅黄色，肉黄白色，嫩芽淡紫红色，纤维少，质地脆嫩，辛辣味中等，品质优质，耐贮运。当地于4月上旬播种，6月初采收种姜，10～12月份采收鲜姜，栽培过程中常以稻草或麦秆遮阴。一般单株鲜重300～400克，667米^{2}产1500～2000千克。以九山姜为原料加工制作的酱菜、五味姜、甘姜、白糖姜片、脱水姜片、香辣粉等食品，深受群众欢迎。

（十二）江西抚州姜

该品种为江西省临川及东乡县农家品种。植株高 70 厘米左右，叶片披针形，青绿色，叶长约 20 厘米，宽约 2.5 厘米。地上茎圆形，粗 0.7～1.2 厘米。姜块表皮光滑，淡黄色，肉黄白色，嫩芽浅紫红色，纤维较多，辛辣味强。喜阴湿温暖，不耐寒，不耐热，生长期内需搭棚遮阴或间作。10 月下旬采收，一般单株鲜重 400 克左右，667 $米^2$ 产 1800～2000 千克。

（十三）福建红芽姜

该品种主要分布于福建省。植株生长势强，分枝多。根茎皮淡黄色，芽淡红色，肉蜡黄色，纤维少，风味品质佳。一般单株根茎重可达 500 克左右。

（十四）四川竹根姜

该品种为四川省地方品种，主要分布在川东一带。株高 70 厘米左右，叶绿色。根茎为不规则掌状，嫩姜表皮鳞芽紫红色，老姜表皮浅黄色，肉质脆嫩，纤维少，品质优，适合作软化栽培。一般单株根茎重 250～500 克，667 $米^2$ 产 2500 千克。

（十五）四川绵阳姜

该品种为四川绵阳市郊地方品种。植株较高大，株高 75～100 厘米，分枝性强。叶呈披针形，绿色，叶长约 27 厘米，宽 3～3.5 厘米。根茎为不规则掌状，淡黄色，纤维较少，含水量较大，质地脆嫩，品质优。当地于 4 月上旬播种，8～11 月份采收，一般单株鲜重 500 克左右，667 $米^2$ 产 2000～2500 千克。

(十六)四川成都坨坨姜

该品种分布在四川成都东山丘陵和雅安等地。植株株高 60 厘米左右，生长势强，分枝较大，属密苗型。叶片深绿色。嫩姜表皮浅米黄色，芽浅绿红色，老姜表皮黄白色，肉米黄色。该品种耐肥耐热，不耐旱涝，抗病力较强。单株鲜重约 250 克，嫩姜 667 米^2 产 1000～1500 千克，老姜 667 米^2 产 1500～2000 千克。

(十七)遵义大白姜

该品种为贵州遵义及湄谭一带农家品种。根茎肥大，表皮光滑，姜皮、姜肉皆为黄白色，富含水分，纤维少，质地脆嫩，辛味淡，品质优良，嫩姜宜炒食或加工糖渍。一般单株根茎重 350～400 克，大者达 500 克以上，667 米^2 产 1500～2000 千克。

(十八)陕西城固黄姜

该品种为陕西城固县地方品种，在当地栽培历史悠久，现主要分布于城固县湑水两岸和丰山、宝山之间。株高 70～80 厘米，叶宽披针形，深绿色，叶长约 25 厘米，宽约 3 厘米。每株分枝 12～15 个，最多可达 30 个以上，属密苗型。根茎较肥大，表皮光滑，鲜姜黄皮、黄肉，生球顶部鳞片呈粉红色。老姜表皮黄褐色，肉黄色。姜丝细，姜汁浓，含水分较少，辛辣味较强，品质好。一般单株鲜重 300～400 克，高者可达 900 克左右，667 米^2 产 2 000 千克左右，高产田可达 2500～3000 千克。

(十九)河南张良姜

该品种为河南鲁山县张良镇地方品种，以城关镇、马楼乡栽培较多，相传汉代曾为贡品，因而古今有名，是河南著名土特产之一。品质优良，芳香味浓郁，辣味持久，质地细嫩，久煮不烂，耐贮运，可长年贮存。丰产性好，667 米^2 产量约为 2500 千克。

（二十）重庆荣昌姜

荣昌是重庆市最大的姜生产和姜种繁殖基地。荣昌姜嫩姜洁白脆嫩，辛香可口，老姜味辛辣，可作多种菜肴的配料，也可加工成泡菜、咸菜、姜片、姜粉、姜汁等多种产品。姜块外观好、品质佳。采用春季保护地栽培，可提早上市，食用嫩姜 2 月中旬即可上市，667 米^2 产 1000～1500 千克。

二、生姜优良品种的培育

（一）生姜新品种选育方法

生姜一般不开花或很少开花，因此一般以其根茎作为繁殖材料，但在长期的无性繁殖过程中会造成种性退化，导致生姜的产量、品质和抗性下降，因此改良和创新姜的种质资源具有重要意义。生姜品种选育的目标是培育高产、优质、抗病、姜块肥大、出干率高和纤维含量低的优良品种，目前国内外学者在这方面取得了一定的成果。

在生姜的新品种选育中常采用的方法有：系统选育、多倍体育种、辐射育种和基因工程育种等。

1. 系统选育　是无性繁殖材料常用的品种选育方法，指从一个或多个地方收集不同来源的栽培品种，进行产量、品质、抗逆性等性状评价后，根据育种的目标，选择合适的栽培品种，经不同地区多点重复试验后，筛选最佳的品种进行生产推广。

2. 多倍体育种　是指利用人工诱变或自然变异等方法，通过细胞染色体组加倍获得多倍体育种材料，用以选育符合人们需要的优良品种。诱导多倍体的方法主要有物理法和化学法 2 种。物理方法是通过各种射线、温度异常变化等手段获得多倍体。化学法一般采用化学试剂处理来诱导多倍体，其中最常用、最有效的是秋水仙素溶液处理萌发的种子或幼苗。秋水仙素能抑制细胞有丝分裂时形成纺锤体，但不影响染色体的复制，使细胞不能形成两个子细胞，从而使染色体数目加倍。

早在 1982 年，Rmhndrn 等已经报道通过秋水仙素活体处理获得生姜四倍体诱变株系，并通过比较研究发现，四倍体植株比二倍体植株生长旺盛，翌年能够顺利开花，且四倍体根茎肥大丰满，产量较高，生姜油含量也高于二倍体植株。离体人工诱导四倍体的常用试剂也是秋水仙素。郭启高等结合组织培养技术，利用秋水仙素处理姜芽，发现培养基中加入 30 毫克/升秋水仙素处理 5 天，获得的诱变率最高。中国药科大学遗传育种教研室高山林教授，用组织培养条件下人工诱导多倍体的先进技术，先后成功地诱导获得了山东莱芜大姜、凤头姜和台湾肉姜多倍体优良品系 80 多个，又经过 8 年的进一步鉴定、选育、生产试验，从中培育成功高产优质的山东莱芜大姜优良品种 2 个、凤头姜优良品种 2 个和台湾肉姜的优良品种 1 个，目前正在进一步进行示范应用生产。

3. 诱变育种　是指用物理、化学因素诱导动植物的遗传特性发生变异，再从变异群体中选择符合人们某种要求的单株或个体，进而培育成新的品种或种质的育种方法。

诱变育种是一种常用的育种技术，通过化学试剂、离子辐射等手段诱导植物产生变异，从中可以筛选获得产量高，品质好，抗病性、抗虫性均有所提高的优良品种。据报道，目前生姜的诱变育种也取得了一些成果。

（二）我国目前已经应用的生姜新品种

1. 辐育 1 号　是山东省莱芜市近年来培育出的生姜新品种。该品种是利用常规诱变育种和生物技术相结合的方法，经 Co^{60} 放射源辐射处理，从莱芜大姜诱变株系经组培快繁技术繁育，经过5年的连续筛选试验，成功选育出的性状优良而稳定的生姜新品种，命名为“辐育1号”大姜。

该品种植株高大粗壮，生长势强，一般株高80～100厘米。叶片平展、开张，叶大而肥厚，叶色浓绿，上部叶片集中，有效光合作用面积大。茎秆粗壮，分枝数少，通常每株具10～15个分枝，属疏苗型。根茎皮、肉淡黄色，姜球数少而肥大，节少稀疏，外形较为美观。

与莱芜大姜相比，辐育1号大姜的主要优点为：

①单产高，增产幅度大。667米^{2}产量高达5000千克，同等条件下比莱芜大姜和面生姜增产18.7%。

②商品性状好，市场竞争力强。姜块大且以单片为主，姜头肥胖，生姜丝少，肉细而脆，辛辣味适中。而莱芜大姜复片多，姜头小，生姜纤维偏多。

③姜苗少且壮。相同栽培条件下，地上茎分枝只有10～15个；而莱芜大姜一般有15～20个。地上茎较莱芜大姜粗壮。

④叶片开展，色深，抗逆性强。上部叶片集中，有效光合面积大。抗寒性强，进入10月份后，莱芜大姜上部叶片明显变黄，而该品种仍维持绿色。

⑤生姜根少且壮。在同等栽培条件下，地下肉质根较莱芜大姜数量少，但根粗壮。

该品种发展前景看好，姜块大，奶头少而肥，单片为主，商品性好，适应国际市场的需求，对发展对外贸易具有重要价值。另外，该品种耐寒性强，可提早种植和延迟收获，利于产量的提高和营养成分的积累，利于品质的改善。该品种的推广应用，对提高产量，增强国际市场竞争力，扩大出口，增加农民收入，具有不可低估的作用，有着良好的推广应用前景。

2. 山农1号　是山东农业大学自国外引进的品种中，通过组织培养试管苗诱变选育而来。植株高大粗壮，生长势强，一般株高80～100 厘米。叶片大而肥厚，叶色浓绿。茎秆粗壮，分枝少，通常每株具 10～12 个分枝，多者可达 15 个分枝以上，属疏苗型。根茎皮、肉淡黄色，姜球数少而肥大，节少稀疏，外形较为美观。一般单株鲜重 800 克左右，重者可达 2000 克以上。一般 667 米^2 产 3500 千克，高产田可达 5000 千克以上。

3. 山农 2 号　是山东农业大学自国外引进的品种中，通过组织培养试管苗诱变选育而来。该品种的优势与山农 1 号相似，也是高产优质新品种。植株高大，生长势强，一般株高90～100厘米。叶片宽而长，开张度大，叶色较浅。茎秆粗壮，分枝少，通常每株具有 10～12 个分枝，多者可达 15 个以上，属疏苗型。根茎黄皮、黄肉，姜球数少而肥大，外形美观。一般单株鲜重 600 克，重者可达 1500 克以上。一般 667 米^2 产 3000 千克以上，高产田可达 5000 千克以上。

4. 金昌大姜　1996 年从山东昌邑传统主栽品种昌邑大姜中发现 1 株突变体，具有姜块胖大、颜色鲜黄、丰产性突出等特点。经过连续 5 年的筛选，选育出了高产、优质、抗病新品种金昌大姜。该品种遗传性状稳定，生长势强，根茎膨大速度快，对病害有较强的抗性。

金昌大姜属疏苗类型，生长势强，植株中等偏矮，一般株高 80～100厘米。茎秆粗壮，分枝 8～13 个。叶片肥厚，深绿色。根茎节稀少，姜块肥大，颜色鲜黄，生姜汁含量多，纤维少。姜球常呈“品”字形排列。单株根茎质量 800～1200 克，重者可达 4000 克以上，667 米^2 产 4500 千克左右。姜块含水量丰富，干物质含量较多，为 6.9%；粗纤维含量少，为 0.46%；硒含量为 8.34 微克/千克；钙含量为 84 毫克/千克。姜块质地脆嫩，辛辣味淡，可以直接用于鲜食，但不适宜加工成姜干、姜糖。适应性广，抗病性强，耐阴性中等，喜沙性壤土，耐肥水，全生育期一般需活动积温 3780 ℃，需 15 ℃以上积温 1255 ℃。栽培中应适当稀植，每 667 米^2 栽5 500～6 000株。

三、生姜品种退化与预防措施

品种退化是指在品种的繁殖和生产过程中，由于品种混杂、病虫危害、生物学退化、生长条件变化等各种原因会逐渐丧失其优良性状，失去原品种的典型性的现象。

品种退化具体表现为：产量降低，品质变劣，成熟期改变，生活力降低，抗病性和其他抗逆性减弱，性状不整齐，丧失原有品种的典型形态特征等。

生姜在我国的栽培历史悠久，地方优良品种众多。但生姜为无性繁殖作物，其生产过程未经有性繁殖世代交替，生命力不能更新，导致生姜品质下降，抗逆能力降低，单产低且不稳定，种性退化。

（一）品种退化原因

造成姜种性退化的原因主要有以下几点：

其一，生姜生产上长期利用无性繁殖，易受不良生态环境的影响，尤其是病毒和高温，如病毒侵染病的植株表现为叶扭曲、皱缩，叶绿体变少，叶色异常，株型变小，虽然不会导致植株死亡，但会引起生姜产量和品质的下降。

其二，人们为了增加经济收入，片面追求生姜产量，大量、盲目施用化肥，造成土壤板结、污染，水体富营养化，降低了生姜品质。

其三，栽培方法不当，良种良法不配套。良种是农业增产的内在因素，是农业生产中其他措施不可代替的重要生产资料。但是如果仅有良种，而没有配套的高产优质栽培技术，也不能充分挖掘良种增产增收的潜力，往往会导致良种推广面积减少，使用时间缩短，实现不了应有的经济效益和社会效益，甚至造成良种种性退化。

其四，选留种和贮种方法不当，造成品种混杂现象严重。生姜虽然为无性繁殖作物，但在栽培过程中由于受到自然条件的影响，有可能发生各种不同的基因突变，这种变异是双向的，少数对品种种性的提高有利，但大部分的变异都是有害的，这些有害的变异降低了品种的应用价值，使品种种性退化。因此，在选留种时需要认真观察，出现明显变异的植株不应留种。此外，在生姜采收、运输、贮藏过程中，没有按照技术规程操作，使繁育的品种中混入其他品种，也会导致生姜品种种性退化。

其五，栽培生长环境不适。我国的生姜优良品种虽然较多，但多为地方品种，各个品种适应的生长环境存在一定差异，如栽培环境不当，生产条件发生变化也会引起生姜品种退化。

（二）防止品种退化的措施

1. 常规方法

（1）建立生姜繁种基地，为大田提供优质种源　生姜属于喜阴湿、喜温暖、不耐热、不耐霜冻、不耐旱涝作物，因此应选择高燥、冷凉，灌溉、排水条件良好的壤土或沙壤土地块，并且无姜瘟病发生的地区作为生姜良种繁殖基地。因高燥、冷凉气候条件下形成的姜块种性退化轻，且丰产性和适应性好，增产显著。同时与繁种村签订长期生产合同，稳定基地生产，有助于农户积累繁种经验，降低成本，提高生产用种的产量和质量，保证优质姜种的供应。

（2）严格管理，避免机械混杂　生姜品种混杂主要是人为因素造成的，通过制定执行健全的操作规程，完全可以杜绝生姜品种混杂的发生。在种姜生产过程中，要合理安排种姜田轮作，避免连作；种姜堆放、晾晒、贮藏时，不同品种间需要有足够的距离；种姜的包装上需要有明确标签，注名品种名称、来源、等级、数量等。

(3)加强栽培管理技术　同一品种的种姜遗传基础基本相同，性状表现也较为稳定，但栽培管理技术不当，也容易引起姜种性退化。因此，加强生姜的栽培管理是防止姜种性退化的重要措施之一。

加强种姜的栽培管理应该贯彻到种姜生产的每一个步骤，包括种姜选择、催芽播种、遮阴、水肥管理、防治病虫害、铲除发病植株、科学采收存放等。姜种要选择肥壮色鲜、有光泽、无病无伤的优质生姜；催芽宜在23～25 ℃下进行，地温稳定在20 ℃时播种，为避免阳光直射，出苗后应及时遮阴；栽培过程中施用净水净肥，以减少水肥中携带的各种有害因素对种姜的影响；发现病株后应立即拔除，并应把周围0.5米以内的健株一并去掉，并挖去带菌土壤，在病穴内撒上石灰，然后用干净的无菌土回填。作为种姜的姜块一般都是老姜，在11月上旬或霜冻前采收，采收时应单收单放，避免与其他品种或姜块混杂。

2. 生物技术方法

(1)脱毒技术结合组织培养技术　病毒病是危害姜种性退化的重要因素之一。经检测，目前生姜体内主要含有烟草花叶病毒和黄瓜花叶病毒，利用茎尖剥离和热处理技术对病毒进行脱毒处理，再结合组织培养技术，繁育无菌脱毒试管苗，可以去除生姜体内携带的病毒，消除病毒对姜种性的影响，恢复生姜的优良品质。具体技术方法将在本书的相应部分详细介绍。

(2)组织培养技术结合多倍体诱导技术　利用组织培养技术对脱毒生姜无菌试管苗进行大量繁殖后，再结合化学试剂诱导四倍体技术，不仅能够恢复生姜的优良品种，且可在原品质的基础上，筛选获得种性提高的优良品种，从而可选育高产、高抗、质优的良种种苗，以供生产上的应用。目前笔者已经成功地采用该技术获得多个四倍体生姜优良品系，并已通过大面积的试验栽培，正在进一步进行生产应用。具体技术将在本书的相应部分详细介绍。

(3)组织培养技术结合物理诱变技术　利用组织培养技术结合核辐射技术诱导脱毒苗变异，对变异的植株进行筛选培育，可获得产量高、品质优的新品种，如目前已经推广应用的“辐育1号”生姜品种。

第三章　脱毒生姜的培育

一、侵染生姜的病毒

生姜为无性繁殖的药食两用经济作物，在长期的栽培过程中受到多种病毒的侵染，并在植株体内积累。通过间接 ELISA 测定，侵染生姜的主要病毒是烟草花叶病毒（TMV）和黄瓜花叶病毒（MV）。受这些病毒的影响，病株出现局部或系统花叶褪绿、植株矮化或叶畸形等症状，一般减产 30%～50%，其品质和抗性也有不同程度地降低。

（一）烟草花叶病毒

该病毒是一种杆状病毒（图 3-1），大小 300 纳米×18 纳米。在体外可存活 72～96 小时。烟草花叶病毒侵染植株发病后，幼嫩叶片侧脉及支脉组织呈半透明状，即明脉。叶脉两侧叶肉组织渐呈淡绿色。烟草花叶病毒能在多种植物上越冬，主要通过汁液传播。病变叶和健苗叶轻微摩擦造成微伤口，病毒即可侵入。侵入后在薄壁细胞内繁殖，后进入维管束组织传染整株。在 22～28 ℃条件下，染病植株 7～14 天后开始显症。田间通过病苗与健苗摩擦或农事操作进行再侵染。

（二）黄瓜花叶病毒

该病毒颗粒呈球状（图 3-2），直径 28～30 纳米。体外存活期 3～4 天，不耐干燥，在指示植物普通烟、心叶烟及曼陀罗上呈系统花叶，在黄瓜上也现系统花叶。发病适宜温度 20 ℃，气温高于

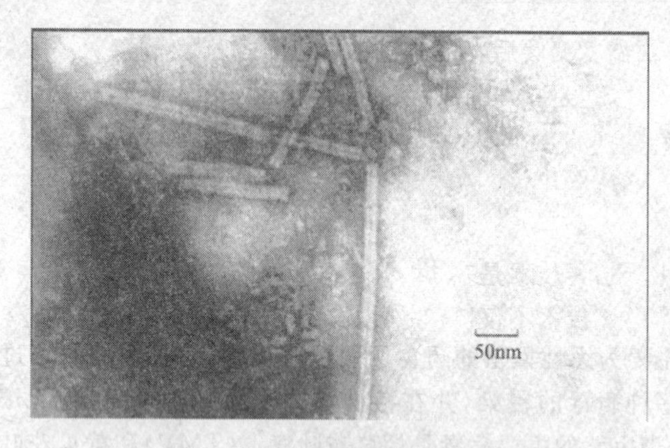

图 3-1　烟草花叶病毒电镜照片

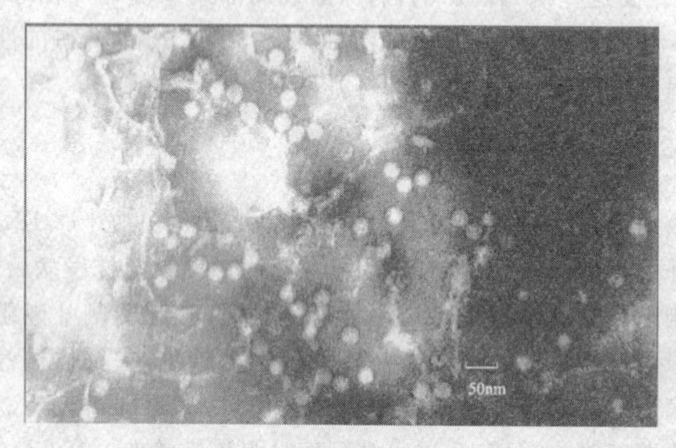

图 3-2　黄瓜花叶病毒电镜照片

25℃多表现隐症。病毒可以到达除生长点以外的任何部位。黄瓜花叶病毒侵染植株发病后，子叶变黄枯萎，幼叶呈深绿与淡绿相间的花叶状，同时发病叶片出现不同程度的皱缩、畸形。成株染病新叶呈黄绿相间的花叶状，病叶小且皱缩，叶片变厚，严重时叶片反卷；茎部节间缩短，严重时病株叶片枯萎。黄瓜花叶病毒主要在多年生宿根植物上越冬，也可以在桃蚜、棉蚜等传毒蚜虫寄主上越冬，每当温度变暖后，蚜虫开始活动或迁飞，成为传播此病主要媒介。

二、生姜组织培养技术

组织培养技术是基于植物细胞全能性理论发展起来的一门新兴技术。该技术不仅可以加速植物育种，缩短繁殖过程，还具有改良品质，节省空间，减少劳动力，达到终年生产，不受自然条件限制等特点，而且组织培养体系的体积小，便于携带和资源交流，具有了巨大的经济效益、社会效益和生态效益，已发展成为目前种苗行业中应用最为广泛的一门高新技术。

在实际生产中，生姜是通过根茎进行无性繁殖，但繁殖系数低，且在栽培过程中容易感染病毒及各种病虫害，导致生姜品种退化，品质降低，产量下降。脱毒技术可以有效地除去植物体内携带的大量病毒，恢复生姜的优良品质，结合组织培养快速繁殖技术，可以提供大量优质的脱毒种苗，以满足生产上的需要。但进行脱毒处理及组织快速繁殖均需要具备组织培养的基本设施，并且需要掌握基本的培养基配制技术和无菌操作技术。

（一）组织培养的设施要求

进行组织培养需要组建组织培养实验室。实验室的大小应根据生产的规模来决定，避免过大或过小，以避免造成成本过高或限制生产。

实验室的设计也应依据工作的目的进行合理布局，通常按自然工作顺序的先后安排成一条生产线，避免有的环节倒排，增加日后工作的负担或引起混乱。一般以“布局合理、集中经营”为原则。实验室设计流程见图3-3。

1. 准备室　主要用于洗涤玻璃器皿、配制培养基、高温高压

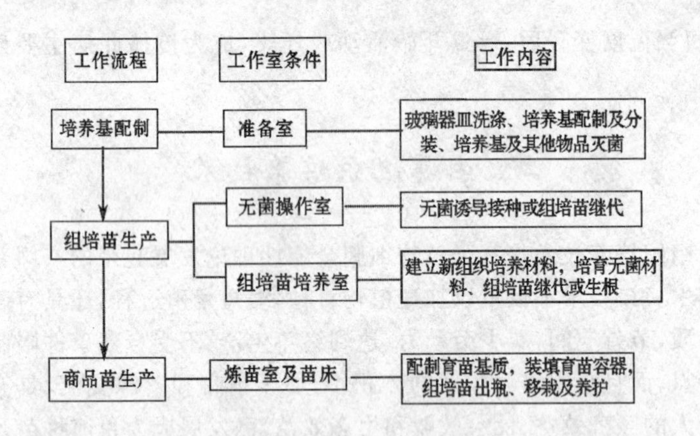

图 3-3　组培实验室设计流程

消毒培养基及其用具，有些还可同时兼顾试管苗出瓶、清洗与整理工作。基本设备及用具如下：

(1)工作台　用于存放各种试剂及培养瓶，台面作为培养基的操作平台。

(2)电器设备

①电冰箱　用于存放易变质、易分解药品及各种母液。

②高压灭菌锅　有小型手提式高压灭菌锅和大型立(卧)式高压灭菌锅 2 种，根据需要进行选择，一般工厂化生产种苗应使用大型高压灭菌锅。

③工业天平和电子天平各 1 个。

④蒸馏水器 1 套。

⑤干燥灭菌器(如烘箱)等。

(3)培养基配置设备　包括不锈钢锅(4～6 升)、电磁炉、培养瓶(玻璃或塑料制品)、试剂瓶、移液管、烧杯、容量瓶等。

2. 无菌操作室　主要用于材料消毒，接种，培养物转移，试管苗的继代、生根等需要进行无菌操作的技术程序。主要设施包括超净工作台、紫外灯和空调，此外还应配备小搁架，用以放置高压灭菌后的培养瓶。超净台上应配备接种使用的各种器皿，包括酒精灯、镊子、剪刀、解剖刀、接种针等。

3. 培养室　用于培养接种材料，要求干燥、清洁、利于采光、受尘埃和杂菌污染的机会较少，并且能够保温隔热。主要设施是空调和带灯培养架，其大小应根据培养架的大小、数目及其附属设施而定。室内应有足够照明，以保证培养物的正常生长。

培养室内应建适当大小的边台，边台下为贮放备用品的柜子，边台上放置双目解剖镜、显微镜等观察仪器，还可放置1台分析天平，用于称量微量元素、维生素及植物激素等。

除了以上设施外，还应有足够的炼苗空间，让培育出来的试管苗先经过2～5天的锻炼，以适应自然环境的温度、湿度等，提高试管苗移栽的成活率。

(二)培养基配制技术

1. 生姜组织快繁的培养基配方

(1)基本培养基　常用MS培养基，其成分包括大量元素、微量元素、铁盐、有机营养成分等(表3-1)。通常先配置各种不同浓度的母液，配置培养基时再按照比例量取使用。

表3-1　MS培养基的基本成分

成分		分子量	使用浓度（毫克/升）
大量元素	硝酸钾	101.11	1900
	硝酸铵	80.04	1650
	磷酸二氢钾	136.09	170
	硫酸镁	246.47	370
	氯化钙	147.02	440

续表 3-1

成　分		分子量	使用浓度（毫克/升）
微量元素	碘化钾	166.01	0.83
	硼　酸	61.83	6.2
	硫酸锰	223.01	22.3
	硫酸锌	287.54	8.6
	钼酸钠	241.95	0.25
	硫酸铜	249.68	0.025
	氯化钴	237.93	0.025
铁　盐	乙二胺四乙酸二钠	372.25	37.2
	硫酸亚铁	278.03	27.8
有机成分	肌　醇		100
	盐酸硫胺素		0.4
	盐酸吡哆醇		0.5
	烟　酸		0.5
	甘氨酸		2.0
	蔗　糖	342.31	20000
	琼　脂		3000～4000
生长素和激素	激　素		1～5
	生长素		1～5

大量元素母液配制方法：将各药剂（表 3-2）分别用少量蒸馏水溶解后混合，也可将硝酸钾、硝酸铵、硫酸镁和磷酸二氢钾分别称量后混合，用少量的蒸馏水溶解后，再与单独溶解的氯化钙混合（硫酸镁和氯化钙不能同时溶解，否则浓度过高会有硫酸钙结晶析出），混合时需要不断搅拌，混合完全后加蒸馏水至所需体积，充分混匀即可。使用时每升培养基中含大量母液 100 毫升。

表 3-2 大量元素 10 倍母液成分

药剂名称	分子量	使用浓度（毫克/升）	10 升 10 倍母液（克）
硝酸钾（KNO_3）	101.11	1900	190
硝酸铵（NH_4NO_3）	80.04	1650	165
硫酸镁（$MgSO_4 \cdot 7H_2O$）	247.36	370	37
磷酸二氢钾（KH_2PO_4）	137.08	170	17
氯化钙（$CaCl_2 \cdot 2H_2O$）	147.99	440	44
氯化钙（$CaCl_2$）	110.99	350	35

注：$CaCl_2 \cdot 2H_2O$ 和 $CaCl_2$ 任选一种即可

微量元素母液配制方法：药品（表 3-3）称量完毕后，分别用少量的蒸馏水彻底溶解，然后再将它们混溶，最后定容到 1 升。由于碘化钾、钼酸钠、硫酸铜和氯化钴的用量较小，也可先配制成浓度更大的母液，在配制微量元素 100 倍母液时按比例添加即可。

表 3-3 微量元素 100 倍母液成分

药剂名称	分子量	使用浓度（毫克/升）	1 升 100 倍母液（毫克）
碘化钾（KI）	166.01	0.83	83
硼酸（H_3BO_3）	61.83	6.2	620
硫酸锰（$MnSO_4 \cdot 4H_2O$）	223.06	22.3	2230
硫酸锌（$ZnSO_4 \cdot 7H_2O$）	287.54	8.6	860
钼酸钠（$Na_2MoO_4 \cdot 2H_2O$）	241.95	0.25	25
硫酸铜（$CuSO_4 \cdot 5H_2O$）	249.68	0.025	2.5
氯化钴（$CoCl_2$）	237.93	0.025	2.5

铁盐母液配制方法：药品（表 3-4）称量后用少量蒸馏水单独溶解，完全溶解后混合均匀，用蒸馏水定容到 1 升。

表 3-4　铁盐 100 倍母液成分

药剂名称	分子量	使用浓度（毫克/升）	1 升 100 倍母液（克）
乙二胺四乙酸二钠（Na_2EDTA）	372.25	37.3	3.73
硫酸亚铁（$FeSO_4\cdot 7H_2O$）	278.03	27.8	2.78

有机营养物质配置方法：表 3-5 中试剂均使用蒸馏水单独溶解，单独存放，使用时用量筒或移液管量取。

表 3-5　有机营养物质成分

药剂名称	药品量（毫克）	水溶剂（毫升）	有效浓度（毫克/毫升）	每升取用量（毫升）
肌　醇	5000	500	10	10
盐酸硫胺素	10	100	0.1	4
盐酸吡哆醇	50	100	0.5	1
甘氨酸	200	100	2.0	1
烟　酸	50	100	0.5	1

此外，MS 培养基中还应加入 30 克/升的蔗糖作为碳源物质。如果配制半固体培养基还需要加入 3.2～3.5 克/升的琼脂。

(2)植物激素和生长素　是组织培养材料快速生长必不可少的成分。因植物的不同，需要激素的种类也不同，基本上可分为 4 类：

①生长素类(uxins)　常见的有吲哚乙酸(I)、吲哚丁酸(I)、α-萘乙酸(N)、2，4-D 等。

吲哚乙酸(I)：诱导生根效果好，根素质好，苗成活率高。诱导愈伤组织效果一般，但是愈伤组织器官化程度高。在培养基中的用量一般为 1～10 毫克/升 。其是人工合成产品，价格低，应用广泛。

吲哚丁酸(I):诱导生根效果好,根素质好,分枝多,苗成活率高。诱导愈伤组织效果差。

α-萘乙酸(N):诱导生根效果好,但是根素质较差,苗成活率低。诱导愈伤组织效果好,往往和根同时发生,在细胞培养中往往分散差。

2,4 - D(2,4 二氯苯氧乙酸):诱导生根效果好,根素质一般,成活率一般。诱导愈伤组织效果好,细胞疏松,分散性好。

②细胞激素　应用最广的是 6-苄基嘌呤(6-BA),其次是激动素(KT)和玉米素(ZT)。6-苄基嘌呤:诱导细胞分裂效果好,广泛应用于植物组织培养。和生长素配合后诱导愈伤组织效果好。

激动素:诱导细胞分裂效果好,应用于植物组织培养仅次于 6-苄基嘌呤。和生长素配合后诱导愈伤组织效果好,和植物种类有关。

③生长刺激素

赤霉素(G3):促进细胞生长,延缓衰老,促进发芽,打破休眠。和生长素联合应用有协同增效作用。

④生长扼制剂

脱落酸:扼制细胞生长,促进衰老和成熟。促进叶子脱离,用于棉花的机械化收割。和生长素联合应用有协同增效作用,使试管苗粗壮,成活率高。

2. 培养基的配置操作　母液配制好、培养基配方确定后,即可进行培养基配制。

(1)清洗培养瓶　培养基配制时需要使用大量的培养瓶,培养瓶一般为广口的玻璃罐头瓶或三角瓶,在配制培养基前需要将培养瓶清洗干净,倒置晾干瓶内水分。

(2)配制培养基的步骤　见表 3-6。

表 3-6 配制培养基的标准操作程序(SOP)

1. 按照需要配制培养基的体积,取 50%量的蒸馏水,放入容器。
2. 每升加入蔗糖 30 克。
3. 每升加入琼脂 3.0～3.5 克,并开始加热。
4. 每升加入大量营养元素(10 倍母液)100 毫升。
5. 每升加入微量营养元素(100 倍母液)10 毫升。
6. 每升加入铁盐营养元素(100 倍母液)10 毫升。
7. 每升加入肌醇(10 毫克/毫升液)10 毫升。
8. 加入有机营养成分。以 MS 为例,每升加入甘氨酸 1 毫升、盐酸硫胺素 4 毫升、盐酸吡哆醇 1 毫升、烟酸 1 毫升。
9. 按照需要和配方,加入激素和生长素。
10. 加入蒸馏水,定容到需要配制培养基的体积。
11. 进行培养基的 pH 值调整,一般为 5.8～6.0。
12. 以上操作程序至少应该核对 2 次以上,然后才可以分装入培养瓶中,盖好盖子,进行高温消毒,121℃灭菌 15 分钟。

(3)培养基灭菌　培养基中含有高浓度的蔗糖,能供多种微生物的生长,微生物一旦接触培养基即开始迅速生长,与培养材料争夺养分与生长空间。因此,配制的培养基必须进行消毒杀菌处理,以保持培养瓶内有一个完全无菌的环境。高压灭菌时间应该由高压锅内达到要求温度开始计算,一般在 1.2 个大气压、121℃条件下消毒 15～40 分钟。培养基的灭菌时间根据培养瓶内分装培养基的体积而定,体积较小时,高压灭菌的时间较短;体积较大时,灭菌时间可适当延长,具体参见表 3-7。灭菌结束后,如果压力还保持在较高水平时,不能直接打开高压锅,否则压力急剧下降,超过了温度下降的速率,培养瓶内的液体会滚沸,冲开瓶盖,从培养瓶内溢出。因此需要等高压锅内压力指针回零后,方可打开灭菌锅

盖,取出培养基。

一般培养基的灭菌时间与培养瓶内培养基的体积有关,具体参见表 3-7。

表 3-7　培养基高压蒸汽灭菌所需的最少时间

容器容积(毫升)	在 121 ℃下所需的最少时间(分钟)
20～50	15
75	20
250～500	25
1000 以上	30

配制好的培养基冷却后即形成半固体状,适合丛生芽的生长。培养基的硬度不宜过大或过小,硬度过大,培养基的透气性差,且培养物难以从培养基内吸收养分,培养物长势较差;硬度过小,培养物在培养基上难以直立生长,培养物也难以生长。因此,在配制培养基时需要控制琼脂的使用量和酸碱度。pH 值过高或过低都不利于培养物的生长,pH 值过低,则培养基凝固性不好;过高,则培养基硬度过大。因此在配制培养基时一般控制在 pH 值 5.6～6.0 之间。

(三)无菌操作技术

进行脱毒培养或组织快速繁殖培养,必须首先熟练掌握一般的无菌操作技术,包括器皿消毒、接种室消毒、外植体消毒、接种与培养等技术。

1. *器皿消毒*　无菌操作中会用到各种器皿,如培养皿、镊子、手术刀、手术剪等,这些器皿可使用高压蒸汽消毒处理,一般需在 121 ℃下保持 30 分钟才能达到完全消毒的效果。消毒前通常使用报纸等包裹,以防止消毒后取出时再次感染空气中的细菌。

无菌水消毒:一般在外植体消毒或培养材料感染细菌后进行

消毒处理时，需要使用无菌水。无菌水是使用蒸馏水经高压灭菌后获得，灭菌时间根据培养瓶内的蒸馏水体积而定，一般在 121 ℃下灭菌 15～30 分钟。

2. 接种室消毒　每天开始工作前，接种室的地面和墙壁用新洁尔灭擦洗，再打开紫外灯照射 20 分钟，操作前 10 分钟打开超净工作台，让过滤空气吹拂工作台面和四周台壁。进行无菌操作前，先用 70%酒精喷雾接种室，使室内空气中灰尘落下，再使用 70%酒精对操作台喷雾灭菌后方可开始使用。工作人员须在准备间换上已消过毒的清洁实验服、帽子、口罩并换上拖鞋，方可进入接种室。操作前，双手应用水和肥皂洗净，再用 70%酒精反复擦拭，这样可以达到较好的消毒效果。操作过程中也应该用酒精擦拭数次，且应特别注意避免“双重传递污染”或“交叉污染”。例如，器械消毒不彻底而污染培养基。在接种过程中应严禁讲话、咳嗽和随意走动。

使用接种室时应遵照一定的操作规程(表 3-8)。

表 3-8　实验室无菌操作程序(SOP)

1. 彻底清洁和打扫接种室 2 次。

2. 将待接种的母种和需要转接种，已经消毒的培养瓶分散放在接种台上。

3. 将接种服、接种帽、口罩和鞋子放在预备接种室，同时打开预备接种室，接种室的紫外灯进行空气杀菌 1～2 小时(首次为 2 小时，每天使用时可以消毒 1 小时)。

4. 打开超净工作台，同时打开紫外灯进行消毒 1～2 小时。

5. 接种用的培养皿应该在 121℃条件下消毒 30～60 分钟，消毒时间宁可长些，不要缩短，以确保灭菌彻底，接种时要求做到一个母种瓶用一个培养皿，以避免交叉感染。

6. 接种操作前再次用 70%～80%酒精喷雾，对接种台表面、母种培养瓶和待接种的培养瓶表面进行喷雾消毒。

续表 3-8

7. 非接种人员一律不得进入接种室，接种人员进入接种室必须更换无菌服、无菌帽、专用鞋子才能够进入接种室。进行接种工作时，必须戴口罩，并用80%酒精对手进行喷雾消毒，接种过程中应该随时对手进行喷雾消毒。
8. 接种前，解剖刀、镊子等用于接种的工具均应该浸泡在80%酒精瓶中消毒1～2小时，接种时候要随时在酒精灯上灼烧，彻底消毒。
9. 接种操作应该在火焰无菌区进行，接种尽量快速果断，瓶盖、解剖刀、镊子等用于接种的工具不要接触台面。
10. 接种后立即盖好培养瓶，运入培养室。培养室应该彻底清洁和打扫，每周最好用紫外灯消毒1小时。

3. 生姜外植体的消毒　外植体的消毒需要使用消毒剂，消毒剂既要具有良好的消毒效果，又要容易被蒸馏水冲洗，或可进行自身分解，且对消毒材料损伤较小，不影响其正常生长。常用的消毒液及其消毒效果见表3-9。

表 3-9　常用的消毒液及消毒效果

消毒剂	使用浓度(%)	去除难易	消毒时间(分钟)	效果
次氯酸钙	10	易	5～30	较好
次氯酸钠	2	易	5～30	较好
过氧化氢	10	最易	5～15	好
溴　水	1～2	易	2～10	较好
硝酸银	1	较难	5～30	好
氯化汞	0.1～0.2	较难	2～10	最好

外植体消毒的具体步骤如下：

(1)姜芽冲洗　姜芽萌发后需要清洗表面沙土后再进行消毒处理，一般先用洗洁精水溶液清洗5分钟，完全去除表面泥沙，剥去外层叶子后，再在自来水下冲洗30分钟即可。

(2)消毒液处理外植体　在超净工作台上，用0.1%升汞溶液

(加 2～3 滴吐温-20)消毒 8～10 分钟,无菌水冲洗 3～5 次。如需进行脱毒处理,可在显微镜下剥取 0.2～0.3 毫米的茎尖;如无需脱毒处理,可直接将消毒后的姜芽接种到配置好的繁殖培养基中。

4. 接种　消毒后的外植体需要在无菌条件下,直接放在培养基表面或插入到培养基内培养。接种使用的镊子和解剖刀一般浸泡在 75%酒精中,每天接种前需要更换酒精。接种前镊子和解剖刀等需要经过彻底灭菌处理。接种过程必须严格遵守无菌操作规程,尽量减少感染几率。一般每个培养瓶内接种 3～5 个消毒芽,如果发现有芽的基部出现云雾状菌群,则应立即将未出现菌群的芽转接到新培养基中,以防止污染。

5. 培养　接种后的材料转移到培养室内培养,这时的培养室相当于离体组织生长发育的场所,需要保持一定的条件,如光照、温度等,方可促进离体组织的生长。

(1)光照　离体组织培养条件下的光照仅作为一种诱导效应,诱导植物细胞的脱分化与再分化。如在初代培养和增殖培养时,光强较弱培养效果较好;而在生根壮苗阶段,则需要较强的光照。光照周期对外植体的培养也有一定的影响,一般生姜组织培养的光照周期为 14～16 小时。

(2)温度　培养温度对离体组织的器官发生和数量有一定影响。大部分植物的培养温度为 25±2 ℃。生姜的最适生长温度在 25～28 ℃,因此 25±2 ℃也适合生姜的组织培养。

(3)湿度　一般培养室的空气相对湿度要求为 70%～80%。培养瓶内的空气相对湿度较高,为 100%左右,因此如外界环境的湿度低,培养基易失水、干裂,影响培养材料的生长;但湿度过高又容易引起棉塞长霉,造成污染。

三、生姜脱病毒苗的培育与鉴定

生姜病毒的危害严重，且目前的化学药剂一般只能抑制病毒的复制增殖，但难以杀死病毒，目前尚无有效的防治措施。随着植物脱病毒技术的发展，利用生物技术结合组织培养技术，可以获得脱病毒彻底的优质种苗。

（一）生姜脱毒苗的优势

利用脱病毒方法获得的生姜脱毒种苗，克服了病毒病的危害，恢复了生姜固有的品种优良性状，从而可提高生姜的产量和品质。相对于带毒种苗，脱毒种苗具有以下优良特征：

①生长快，长势旺，茎叶粗壮，根深叶茂，分蘖多。

②抗病能力强，姜瘟病明显减轻，同时耐高温，抗寒及其他逆境能力强。

③生姜外观好，色泽鲜黄，均匀整齐，市场销路好，可供出口。

④生姜质量好，辣味浓。

⑤产量高，在生产上去病毒苗比原品种每 667 米^2 可增产 50%以上。一般 667 米^2 产量可达 4000 千克，收入达 1 万元。

（二）生姜脱病毒的方法与原理

植物脱毒培养的方法较多，常用的方法有热处理脱毒法、愈伤组织培养脱毒法和茎尖分生组织培养脱毒法。根据生姜的生理习性及其易感病毒，常用的生姜脱毒培养方法是热处理结合茎尖分生组织培养法。

热处理脱毒法：也称温热疗法，是出现较早的一种脱毒方法。其利用病毒和寄主植物对高温的忍耐性的差异，使植物的生长速度超过病毒的扩散速度，得到一小部分不含病毒的植物分生组织，进行无毒个体培养，继而获得无毒种苗。

茎尖培养脱毒法：自 Movel 和 Mtin 首次利用茎尖组织培养法获得大丽菊的脱毒苗以来，该项技术在控制植物病毒危害方面得到应用，并逐渐发展为植物脱毒的主要技术。

大量实验证明，植物茎尖不存在病毒或病毒数量、种类极少，这是由于病毒在生长点等未分化组织中难以增殖，或由于病毒的复制、运输速度跟不上分生组织细胞的生长速度，因而分生组织内的病毒较少，或不带病毒。目前茎尖分生组织培养已经发展成为生产无毒株的最重要、最有效的方法。

茎尖脱病毒培养的方法主要有从带病植株上切取芽尖作为外植体，经常规消毒后，在培养基上培养成为小植株。小植株经脱毒检测后，对脱去病毒的植株进行移栽到防止再次感染的隔离区内种植，获得脱毒原种。

除上述方法外，愈伤组织培养法也可获得脱毒苗，这是因为病毒在愈伤组织的脱分化细胞内难以增殖。但病毒在愈伤组织内是否消失因病毒和寄主植物的组合而定，有的植物病毒为消失型，多时间内愈伤组织继代几次后病毒消失；有的植物愈伤组织则局部存在病毒。因此，病毒在愈伤组织内分布不均匀，愈伤分化再生的植株中有部分是不带毒的。

为了提高脱毒效果，可联合使用多种脱毒方法。如：①热处理结合茎尖分生组织培养法；②热处理结合茎尖嫁接培养法；③化学处理结合茎尖脱毒培养法；④愈伤组织热处理与化学处理相结合的方法。

热处理结合茎尖分生组织培养脱毒的技术程序见图 3-4。

(三)生姜茎尖分生组织培养脱毒操作步骤

1. 选择优良种姜　脱毒前需要对种姜进行筛选，出现明显带毒症状的种姜因其体内携带的病毒浓度过高，处理后也难以完全

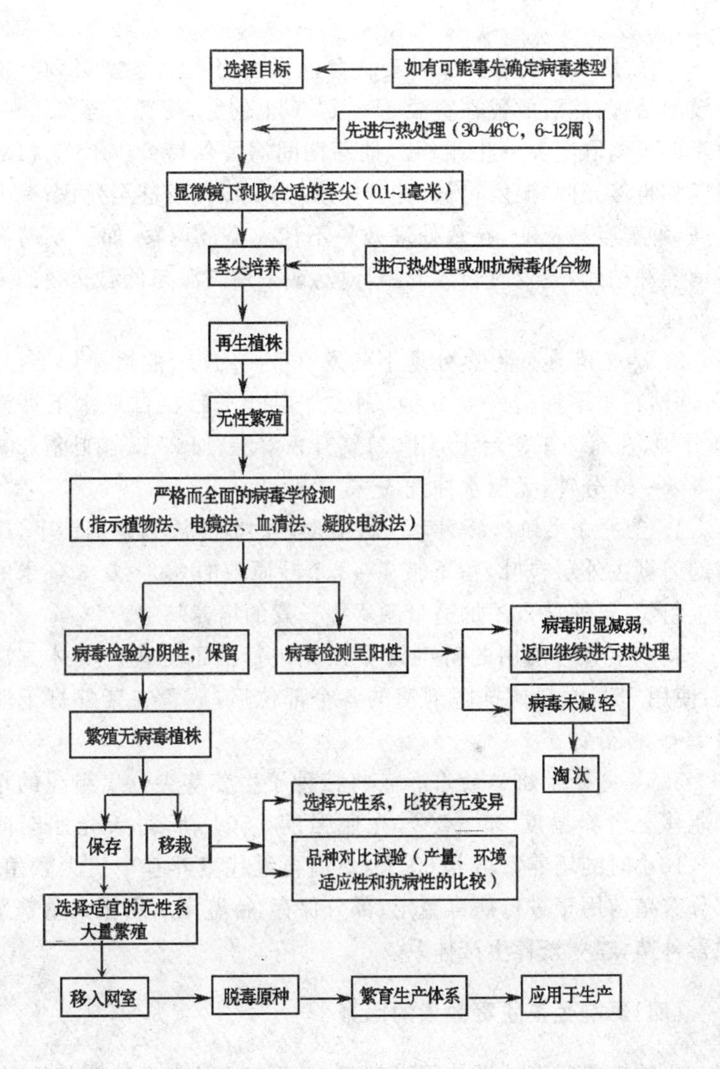

图 3-4　热处理结合茎尖分生组织培养脱毒一般技术程序

除去病毒，不宜进行无毒苗培育，一般应选用症状较轻或无症状种姜。

2. 热处理种姜催芽　种姜催芽前可使用50%多菌灵800倍液浸泡处理，然后放置在室温35～40 ℃下催芽，待芽长至0.5～1厘米即可剥取茎尖分生组织。催芽期间需要保持80%空气相对湿度和自然光照，湿度过低，种姜失水，则难以萌发甚至死亡；湿度过高，种姜容易霉变，导致处理效果不佳。经常观察，如发现高温指示姜芽枯死，应及时转入低温环境，或采用高温与低温交替的方法处理。

3. 姜芽消毒　将热处理下萌发0.5～1厘米的嫩芽切下，用5%洗洁精水溶液清洗5分钟，剥去外层叶子后在自来水下冲洗30分钟，在超净工作台上，用0.1%升汞溶液(加2～3滴吐温-20)消毒8～10分钟，无菌水冲洗3～5次即可。

4. 茎尖分生组织的剥取　将消毒好的姜芽放到解剖镜下，用解剖刀剥去外层包叶，留下带1～2个叶原基的0.2～0.3毫米的分生组织，迅速放入添加适量激素生长素的培养基中。

剥取茎尖时使用的解剖镜要预先进行消毒处理。具体方法是：使用75%酒精擦拭解剖镜的各个部位后，放置在紫外灯下照射15～20分钟。

5. 茎尖分生组织的培养　将接种了生姜茎尖分生组织的培养瓶移至培养温度25±2℃，光照强度1500勒，每天光照时间14～16小时的培养室培养60天，然后再继代培养基中扩大繁殖，部分繁殖苗用于进行病毒鉴定；部分保存，待鉴定后用于大量繁殖脱毒种苗，建立繁育生产体系。

(四)影响生姜脱毒效果的因素

影响生姜脱毒效果的因素较多，主要有生长点启动培养基、茎尖大小、处理和培养方法3个因素。

1. 茎尖启动培养基对脱毒效果的影响　适当的启动培养基

有利于茎尖分生组织的生长并形成再生植株。分生组织再生形成植株是茎尖培养脱毒的一个关键步骤，如果分生组织不能顺利分化再生形成植株，则基本上不可能通过茎尖培养脱毒种苗。因此，适当地启动培养基对茎尖培养具有非常重要的影响。

2. 茎尖大小对生姜脱毒效果的影响　由于茎尖分生组织培养是一项技术要求较高的方法，要求技术较为熟练，茎尖剥取要迅速，否则茎尖在空气中暴露时间过久会因失水死亡。剥取茎尖也不能过大，否则携带的病毒不易去除，原则上是茎尖越小，脱毒率越高。但茎尖过小，培养后成活率较低，成苗率更低，也不适于生产上的应用。笔者研究发现，0.2～0.3 毫米的茎尖存活率较高，植株再生率和脱毒率均较为理想。因此，生姜茎尖分生组织培养脱毒的茎尖大小以 0.2～0.3 毫米为宜。

3. 处理方法对脱毒效果的影响　单独使用茎尖分生组织培养虽然可以成功去除生姜体内的病原菌和病毒，但脱毒率通常较低。在实际的操作过程中，一般要结合一些辅助性措施来提高脱毒效果。如茎尖分生组织结合培养结合热处理、化学试剂处理等。

笔者在研究中比较了热处理催芽结合茎尖分生组织培养（图 3-5）与高温短时热处理结合茎尖分生组织培养（图 3-6）对生姜脱毒效果的影响。结果发现，与室温下催芽相比较，恒温热催芽对茎尖分生组织的成活率和成苗率没有显著影响，获得的脱毒率则高于室温催芽的脱毒率。但温度过高，长时间恒温处理萌发的嫩芽比较瘦弱，生命力较低，剥取茎尖后的成活率下降，存活茎尖再生成植株的再生率也较低，反而导致脱毒率有所下降。因此，恒温处理的温度过高也不利于获得生姜脱毒苗。

4. 培养方法比对脱毒效果的影响　分生组织培养方法一般分为两步：第一步为诱导分化；第二步为促使已分化的外植体顺利发育成苗。前期一般要求低光强照射，而后期则需要长日照高光强照射。有文献报道，直接长时间（或连续）高光强照射培养可提

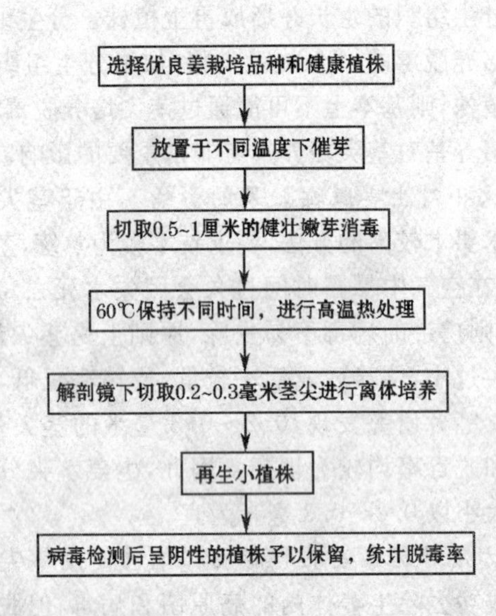

图 3-5 热处理催芽结合茎尖分生组织培养脱毒流程

高脱毒率,但在此条件下可能导致分生组织外植体分化率下降或外植体死亡。另外也有报道,分生组织与培养基接触的过程中,培养基中所含的复杂矿物质成分不利于病毒的增殖,因此长时间光照培养或频繁继代有利于消除外植体体内的病毒。

除此外,有利于外植体或分生组织生长的条件可在一定程度上减弱病毒的增殖能力。因此,在实际操作中需要综合考虑茎尖成活率、直接成苗率和脱毒率,才能制定出合理可行的脱毒培养方案。

(五)脱毒生姜试管苗的快速繁殖

通过指示植物法、电子显微镜鉴定法或其他方法鉴定获得的完全无毒材料一般都比较少,需要经过扩大繁殖后才能够在实际

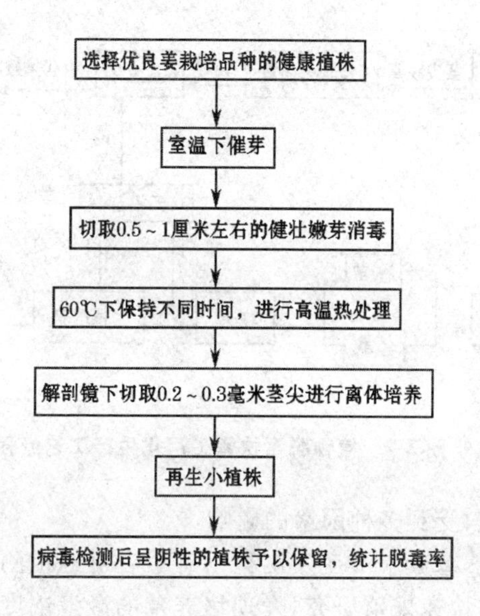

图 3-6　高温短时间热处理结合茎尖分生组织培养脱毒流程

生产上得到应用。经过热处理结合茎尖分生组织培养法获得的脱毒姜苗一般是无菌试管苗,结合组织培养技术可以实现姜种苗的工厂化、商品化生产。

试管苗的快速繁殖也称离体快繁,是将植物材料接种在人工培养基中,放置在适合的条件下培养,以达到高速增殖的目的,因此也称为快速无性繁殖,主要工艺流程见图 3-7。

按照此流程,生姜的快速繁殖核心部分包括以下几个方面:

1. *无菌材料的建立*　使用热处理结合茎尖分生组织培养法获得的无菌试管苗经病毒复查后可直接作为快速繁殖的材料。

2. *丛生芽诱导*　通过调整培养基成分,以及激素种类或浓度配比,促使接种在培养基上的幼芽增殖,力求产生丛生芽数量最大的有效繁殖体系。这一步是组织快速繁殖中最关键的步骤,也是

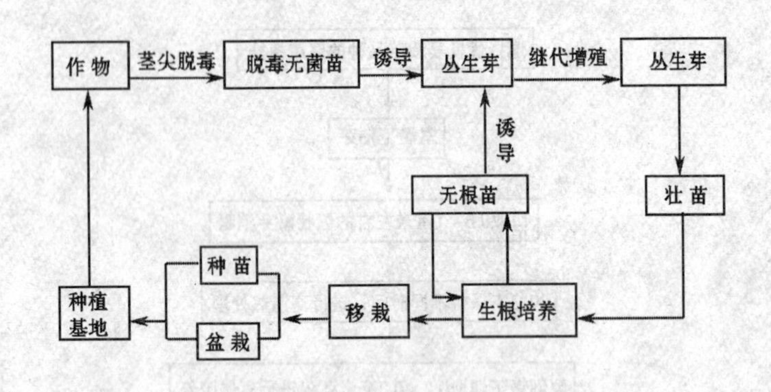

图 3-7 植物脱毒快繁工厂化生产工艺流程

其优势所在,受到多种因素的影响。

(1)培养基激素浓度及配比　有学者对经检测已脱毒的试管苗进行组培快速繁殖研究,发现培养基的激素浓度及其配比对试管苗的繁殖系数及生根状况有显著影响。不同激素配比对生姜试管苗的继代有明显影响。在一定浓度范围内,6-苄基腺嘌呤浓度越高,增殖系数越大;6-苄基腺嘌呤浓度越低,增殖系数越小。此外,外植体的大小、来源、生理状态和培养条件等因素也对脱毒脱菌快繁的效率有一定的影响。

笔者也进行了激素浓度对生姜组织快速繁殖影响的研究,实验以平均生长率和芽增殖倍数 2 项指标考察了 6-苄基腺嘌呤、萘乙酸和多效唑 3 种因素的影响。结果发现:萘乙酸的浓度对芽的生长率具有显著影响,6-苄基腺嘌呤的浓度对芽的生长率也具有较大影响,但多效唑对脱病毒生姜试管苗丛生芽的影响不大。6-苄基腺嘌呤的浓度与试管苗的芽增殖倍数具有显著相关性,萘乙酸和多效唑对芽增殖倍数的影响不显著。因此笔者认为,在生姜的快速繁殖过程中,培养基中的 6-苄基腺嘌呤浓度不宜过高。

(2)培养条件

①温度 在生姜组培快繁中，26 ℃是最适宜温度，试管苗生长正常，繁殖系数最大；温度过低，试管苗生长较慢，低于 20 ℃很容易黄化；温度高于 29 ℃，试管苗徒长，繁殖系数降低，茎细、苗弱、叶片薄、色浅、玻璃化苗多。

②光照强度 不同的光照强度对生姜试管苗的繁殖系数无显著影响，但对试管苗长势影响显著。光强低于 3000 勒，试管苗徒长，叶片薄，叶色黄绿或浅绿；光强 4000～6000 勒，试管苗长势差别不明显；光强 5000～6000 勒，生产成本提高。因此，生姜组培快繁中，光强 4000 勒较为合适。

③培养基 pH 值 笔者研究发现，生姜试管苗对 pH 值要求范围较广，在 pH 值 5～7 水平生长良好，pH 值 5.8 下出芽数和根的生长最佳。中度及偏酸条件对生姜的影响不大。

④糖浓度 一定范围内，增加糖浓度对姜芽增殖有明显的促进作用。但浓度太高会导致植株生长不健壮，叶片发黄，并对继代与生根都有抑制作用。出芽数在糖浓度为 3%时最佳；糖浓度在 1%～3% 时，生姜脱毒试管苗的颜色变化不大，颜色翠绿；当糖浓度高于 5%时，试管苗出现黄化，甚至死亡。蔗糖对生姜继代增殖和生根有显著影响，这可能由于蔗糖浓度改变了培养基的渗透压，也可能是蔗糖显著影响了生姜试管苗的内源激素水平。

⑤微量元素 在缺 Fe^{2+} 情况下，试管苗能正常出芽，但颜色失绿；0.1 毫摩/升浓度时，颜色浓绿，出芽数多；随着浓度增高，出芽减少；在 8 毫摩/升浓度时，基本不出芽；0.1～2 毫摩/升之间，试管苗颜色黄化；浓度高于 2 毫摩/升浓度时，植株发黑，叶片黑枯。说明 Fe^{2+} 对生姜继代是必需的，但高浓度下对试管苗有毒害作用。微量元素 Mn^{2+} 和 Zn^{2+} 对生姜继代和生根的影响不大。

⑥大量元素 大量元素 N、P、K、Fe^{2+}、Mg^{2+} 的浓度对生姜的增殖与生根生长有显著影响，不同的元素对生姜组织培养的影响

有所不同。MS培养基中适当降低N元素浓度有利于生姜脱毒苗的增殖与生根；N浓度过高对出芽数有一定抑制作用；缺P会严重影响芽的产生。综合考虑，当N、P、K、Fe^{2+}、Mg^{2+}的浓度分别为18.8、1.5、20.1、4、3.0毫摩/升时，对生姜增殖具有促进作用。

3. 试管苗生根　通过快速繁殖获得大量丛生芽后，即可通过调整培养基内的激素与生长素含量、配比诱导试管苗生根。

(1)根的发生过程　离体培养植物根的发生均来自不定根，根的形成从形态上可以分成两个阶段，即形成根原基和根原基的生长和伸长。生姜的不定根发生比较容易，一般5～7天即可生根，15～20天即可炼苗移栽。

(2)影响生姜试管苗生根的因素　生姜试管苗生根比较容易，在空白的MS培养基、添加6-苄基腺嘌呤和萘乙酸的快繁培养基内都能生根。添加吲哚乙酸、萘乙酸、生根粉等生长素可以提高生根效果。这些生长素可以单独使用，也可以按照一定配比联合使用，一般使用浓度为0.2～0.5毫克/升之间。

笔者研究发现，在MS培养基上单独添加萘乙酸或生根粉的生根效果不理想，生根率较低，但两者联合使用可提高生根率和根质量。两种生长素联合使用的生根效果比较理想。因此通过调整培养基内的植物激素和生长素的配比，可以实现生姜试管苗繁殖和生根同步化生长，缩短培养周期，节省人力物力，同时可获得大量优质的适合移栽的脱毒试管苗。

4. 脱毒姜苗的炼苗与移栽　在繁殖、生根同步化培养基上培养30天后，已生根的姜苗在室温下拧松瓶盖炼苗2天后即可移栽苗床。由于试管苗比较幼嫩，且生姜具有喜温暖湿润、不耐寒、怕潮湿、怕强光直射的生理特性，因此在移栽中姜苗是否能够成活受到以下多种因素的影响。

(1)移栽季节　不同季节由于温度差异较大，对生姜试管苗的移栽成活率具有较大影响，在5～6月份和10月份移栽的成活率相对较高；而在气候寒冷或炎热时，移栽效果相对较差，移栽成活率较低；尤其是最低温下降到 0 ℃以下时，移栽的试管苗很难成活。在人工控制条件下，如搭建日光温室，保持温度 20 ℃左右，空气相对湿度 85％～90％，生姜试管苗的移栽可以不受外界气候条件的影响，全年均可移栽。

(2)苗床基质　刘亦清等考察了移栽苗床的不同基质对脱毒姜种苗成活率和生长情况的影响发现，不同基质对试管苗移栽成活率具有显著影响，珍珠岩与泥炭土的体积比为 3∶7 时移栽的成活率最高，达到 96.67％。

(3)基质湿度　刘亦清等以珍珠岩与泥炭土(体积比 3∶7)为基质，在标准化连栋温室内考察了不同基质湿度对姜种苗移栽成活率和生长情况的影响，发现随着浇灌间隔时间的不断延长，基质湿度逐渐下降，但成活率则表现出先上升再下降的趋势。究其原因，是因为基质湿度过大，脱毒种苗根部积水，致使幼嫩根茎腐烂，死亡率高；湿度保持在 70％左右既能保证根部不积水同时又能为种苗有效提供水分，成活率高且生长健壮；基质湿度过低，一小部分根系不发达的种苗水分吸收困难，易干枯死亡。

(4)壮苗与炼苗及生根粉处理　葛胜娟等研究发现，壮苗、炼苗及移栽前蘸上生根粉对生姜脱毒苗的移栽成活率具有较大影响。壮苗与炼苗组合的处理，无论是否蘸生根粉，组培苗移栽成活率均达 100％；壮苗与不炼苗相组合的处理中，蘸上生根粉处理平均成活率为 87.5％，不蘸生根粉的则为 75.0％，表明壮苗、炼苗及蘸生根粉可提高组培苗的成活率。

四、脱毒生姜组培种苗的应用与示范生产

(一)组培种苗的推广

自20世纪60年代,兰花组织培养实施工厂化生产获得成果以来,组织培养工厂化生产得到了很大的发展。作为一种十分有效的植物快繁方式,植物组织培养具有普通繁殖方法无法比拟的技术和产量优势,在当前倡导高效现代化农业发展模式的形势下,利用植物组织培养技术,生产高质量的种苗具有十分广阔的市场前景。但是在过去的几十年中,这一繁殖技术仅对部分不宜用扦插、分株等传统繁殖方法繁殖的植物,或少量的珍稀品种或新品种具有生产应用价值,而没有广泛地应用到各种植物种苗的实际生产中。造成这一困境的主要原因是成本过高。脱毒生姜组培苗能否在实际生产中获得推广,其关键就在于是否能降低脱毒姜种苗的成本。

1. 生姜组培种苗成本构成分析与控制措施

(1)脱毒及鉴定过程中耗费的成本分析及控制措施　在生姜脱毒培养中一般采用热处理结合茎尖分生组织培养法。因为诱导的茎尖较少,所以茎尖剥取、培养诱导再生芽阶段成本相对较低,可以忽略。但热处理方式及病毒复查方式一般需要使用特殊设备或试剂,成本相对较高,一般不能忽略。应选择适当的处理方法,尽可能地降低脱毒苗的生产成本。如热处理中进行恒温催芽,需要使用烘箱或其他恒温设备;如果组培苗的产量较大,设备购置及使用的成本分摊到单株的比例会很小,但前期需要预先投入,从而增加了投资成本。

脱毒苗的病毒复查所使用的方法也是影响这一阶段的成本的主要因素。病毒的检测方法较多,而且在不断地发展中,但是方法

越先进，需要使用的设备价格越昂贵，鉴定成本也越高。采用合理的鉴定方式可以大大降低成本。

(2)组培阶段的成本　主要从继代快繁、生根和移栽三个阶段产生。

在花卉组培苗的成本构成中，设备折旧费占 57.8%，电费占 24.25%，器皿损耗占 12.50%，琼脂占 4%。而生姜的组织培养与一般的花卉组培有所不同，因为生姜组培苗的出苗时间较为集中。生姜试管苗的适宜移栽时间南方为 3～4 月份，北方为 5～6 月份，因此一般 2～5 月份集中生根出苗，其他时间继代扩繁，因此生姜组培苗的成本计算与花卉组培苗的成本计算稍有不同。据罗天宽等研究，生姜脱毒苗成本构成中，人工费占 60.08%，电费占 13.27%，药品费占 1.12%，其中基建、设备为固定资产，投资后将按年折旧，与生产规模有很大的关系，在生产饱和前规模越大成本越低；确定生产规模后，脱毒苗成本的控制与节约主要从化学用品、用电、用工、用水这几个方面来考虑(表 3-10)。

表 3-10　脱毒苗投资费用明细　(10 株/瓶，固体培养基)

项　目	投资(元/株)	占投资(%)
基　建	0.05	8.34
设　备	0.1	16.69
化学用品	0.0067	1.12
用　电	0.0795	13.27
用　工	0.36	60.08
用　水	0.002	0.33
其　他	0.001	0.17
合　计	0.5992	100

注：以实验室 10 万株/年的生产规模(完成生根的脱毒苗，10 万株生姜脱毒苗在 10 米^2 培养室用于生姜生产基本饱和)进行计算。基建：100 米^2，租金 5000 元/年，每株 0.05 元；仪器设备：15 万元，15 年折旧(不考虑残留净值与中期维修)，每株 0.1 元；用工：3 人工(技术员 1 名，临时工 2 名)，每年工资共计 3.6 万元，每株 0.36 元

针对脱毒苗的生产过程，影响其成本高低的技术因素有以下

几个方面:①污染率:污染率越高,耗费的成本也越高。②芽增殖倍率:芽增殖倍率越高,同一培养基内获得丛生芽数量越多,耗费的成本越低。③生根率:生根率越高,获得的可移栽的有效植株越多,耗费成本越低。④炼苗移栽成活率:炼苗移栽成活率越高,可实际应用的种苗越多,耗费成本越低。⑤组培周期:组培周期越短,所占的空间与能耗越低,且可获得更多种苗,从而降低了组培苗的成本。

因此,在保证较低污染率(要求规范操作)的情况下,提高芽增殖倍率、生根率和炼苗移栽成活率,缩短组培周期,是降低脱毒生姜生产成本的关键。

2. 控制生姜组培苗成本的措施

(1)使用简化或替代培养基　使用市售食用白糖或绵白糖代替纯蔗糖,组培苗成本可降低 2.6%;使用自来水代替蒸馏水,成本可降低 0.5%,而两者均使用替代品时成本可降低 3.1%。

将 MS 固体培养基改为液体培养基,可以增加培养基的分装瓶数,由原来的 30 瓶增加到 90 瓶,从而大幅度降低了生姜组培苗的生产成本,提高培养效率。简化的培养基不仅可以节省培养基配制中的药品成本,还可简化操作工艺,培养瓶更加易于清洗,培养基配制过程中也无需蒸煮,可节省大量的人工费用和部分电费。罗天宽等研究发现,简化后每瓶培养基的成本可降低 68.4%。在不考虑炼苗成活率、改良培养基对单株苗综合成本的影响下,培养基简化后单株脱毒苗成本降低 21.3%。而且简化培养基特别适合于最后一次生根,因为此次培养基是消耗人力物力最多的一次,用简化培养基则可显著降低劳动量。

(2)尽可能提高“三率”(芽增殖倍率、生根率、炼苗移栽成活率)　将芽增殖倍率提高到 10 倍左右,生根率提高到接近 100%,移栽成活率提高到 95%以上;并通过开拓市场,增加组培苗的产量,是降低组培苗成本的有效途径。

(3)降低设备、器材投资及损耗　充分发挥现有设备的生产潜力，延长仪器设备的使用寿命，减少设备投资及减少玻璃器皿的损耗，使用廉价代用品也可降低组培苗的单株成本。

(4)节约用电，降低能耗　尽量利用自然光即采用保温墙体、半地下式、双层玻璃等形式的建筑，尽量降低空调和保暖费用。

(二)生姜组培苗的生长环境及特性

1. 生姜组培苗的生长环境　生姜的组培种苗不同于田间生姜植株，对温度、湿度、光照等生长条件要求非常严格。生姜组培苗是固定培养在玻璃瓶中，与外界环境隔离，形成了一个独特的生长环境系统，与外界环境条件相比具有以下 4 大特点：恒温、高湿、弱光和无菌。

(1)恒温　在生姜组培苗整个生长过程中，采用恒温培养，温度控制在 25±2 ℃，昼夜温差变化极小。

(2)高湿　生姜组织培养中培养瓶内的水分移动有两条途径：一是组培苗吸收的水分，从叶面气孔蒸腾；二是培养基向外蒸发，而后水汽凝结又进入培养基。这种循环是培养瓶内的水分循环，其结果是造成培养瓶内的空气相对湿度接近 100%，远高于培养瓶外的空气湿度。

(3)弱光　生姜苗培养瓶内光照强度与太阳光相比要弱很多，叶片光合能力差，需要逐渐增加光照强度过渡驯化，以适应外界环境的变化。

(4)无菌　生姜组培苗所在环境的最大特点是无菌，在移栽过程中组培苗需经历由无菌向有菌逐步转换。

2. 生姜组培苗的特性

(1)叶片结构　生姜组培苗海绵组织细胞层增加而栅栏组织较差，表皮的蜡质层减少，气孔发育较差且开关能力低下。

(2)生理特性　生姜组培苗的气孔保卫细胞含钾量低，叶片的光合作用能力尚未建立，不能自我合成光合物质，只能依靠外界提供营养来生长。

(3)根系特点　生姜组培苗根毛较少、发育较差，根系对矿质营养的吸收能力相对较弱。

(4)抗逆特性　生姜组培苗由于是通过热处理茎尖培养获得，还不适应外界环境条件，其抗病、抗高温干旱等抗逆能力较弱，初期易于感染病菌死亡。

(三)组培苗的驯化与栽培

1. 组培苗的驯化

(1)基地选择　选择海拔800～1000米、土地肥沃、夏季凉爽、土壤不积水、通透性好的地势建基地，搭建大棚，在棚内修建苗床，准备防虫网、遮阳网、塑料农膜等农用物资，并对土壤进行过筛和严格的消毒灭菌。或建立840型标准化连栋薄膜温室，温室顶部配置外遮阳系统，四周配置通风及防虫系统，内部配置喷淋施肥系统。

(2)苗床准备　苗床长10米，宽1.2～1.3米，高0.5米。生姜组培苗移栽基质宜选用疏松透气、排水良好的基质，可将珍珠岩与腐殖土按3∶1的比例配成移栽基质，或以泥炭土与珍珠岩(体积比8∶2)为移栽基质，经过过筛和严格土壤消毒灭菌后填铺苗床，保持床面平整、疏松。

(3)炼苗及移栽　生姜组培苗经驯化炼苗后可提高对外界环境条件的适应性，增强光合作用的能力，促使其生长健壮，最终达到提高移栽成活率的效果。

待培养瓶里的组培苗长出4～5条根时即可开盖炼苗。炼苗时在培养瓶中放入少许水，以防组培苗失水及培养基被污染，6～7天后可移出培养室，在自然光照和温度20～28℃的条件下炼苗10天左右。

(4)组培苗清洗　经过炼苗后，组培苗出现6～7片叶，叶长5～8厘米时，从瓶内取出苗，用双手轻拿根茎部在水中来回摇晃，直到培养基散开脱落，然后将小苗分成单株，注意不要伤苗，并除去老组织、烂叶、黄叶、枯叶等。

(5)移栽定植　组培苗移栽目的是扩大苗的株行距，使幼苗获得足够的营养、光照与空气，形成发达的根系，有利于植株的生长。洗净培养基的单株组培苗，用一定浓度的生根剂浸根20～30分钟后晾干，再按5厘米×10厘米规格移栽于苗床，浇透水。棚内保持温度20～28℃，空气相对湿度80%，棚顶覆盖遮阳网。移栽宜早不宜迟，通常在3月下旬至4月中旬，当气温稳定在15℃以上时进行。移栽时要求轻拿轻栽，严禁过紧过深和吊脚苗，以培养基质盖住种苗根茎部1～2厘米为宜。

2. 苗床管理

(1)移栽至生根成活阶段

①光照、温度、水的管理　缓苗期过后姜苗长出新根时，根据土壤湿度酌情浇水，通常每2～3天浇水1次，加盖塑料薄膜保温保湿，保持温度20～28℃，空气相对湿度80%以上。同时也要注意遮阴，避免强烈阳光照射，控制光照在自然散射光状态(生姜幼苗较喜弱光)。若遇高温和强光气候，需揭膜降温并加盖遮阳网遮阳；若遇降温天气，则加盖双层膜或采取其他相关措施提高苗床温度。

②养分及病虫害管理　姜苗生根后每3天喷施0.2%磷酸二氢钾溶液1次，以促进提苗生根及雏形根茎形成。该阶段主要病害有立枯病、姜瘟等，可结合叶面施肥用绿亨1号或代森(锰)锌进行预防。

(2)生根成活至大田定植阶段

①光照、温度、水的管理　保持室内温度22～28℃，空气相对湿度75%，以促进根系发育；土壤始终保持湿润状态，每4～5天

浇1次水。若遇高温和强光，则加遮阳网降低气温和光照。

②养分及病虫害管理　根据叶色进行追肥。追肥时要掌握“酸”和“淡”：酸指液肥施用之前要测定酸碱度，pH值以5.5～5.9为宜；淡指肥料浓度宜淡不宜浓。结合营养液施用0.2%～0.3%的尿素(或复合肥)2～3次，以促进幼苗快速生长，还应喷施“天达—2116”(壮苗专用型)2～3次，促其壮苗、壮根，提高光合效能，加快营养生长。

组培苗在苗床培育过程中应注意预防根茎腐烂病、叶枯病、软腐病、姜瘟病等，以预防为主，定期施药防治，每周1次。用新植霉素4000倍液，或农用链霉素3000倍液，或70%敌克松可湿性粉剂2000倍液，或400～800克蜡质芽胞杆菌可湿性粉剂对水30～40千克，灌根或喷洒植株茎基部，隔7天施药1次，连续2～3次。

此外，还要注意防治蚜虫、蓟马、红蜘蛛等危害叶片。以25%灭蚜威乳油1000倍液喷雾防治蚜虫，间隔期6～7天，连续喷药1～2次；以1.8%阿维菌素乳油3000倍液喷雾防治蓟马；以20%复方浏阳霉素1000倍液喷雾防治红蜘蛛，间隔期4～5天，连续喷药2～3次。注意喷药作业要选择在晴天进行。

3. 苗床苗栽培

(1)整地及施肥　生姜地应选择土层深厚、通气性好、地下水位不高、保水、保肥力强，且周围3千米范围内没有“三废”污染的中性或微酸性沙质壤土为宜。种植前土壤应冬翻晒白，南方雨水多，采用深沟高畦栽培，并整成面宽1米、高30厘米的畦，畦面要求土壤疏松、深浅一致、平整、干湿均匀，土块不可过大，尽量减少土壤缝隙；东西方向开沟，以沟深30厘米、沟距60厘米为宜，同时四周要开好排水沟，田块大的中间还要开破肚沟，防止雨天积水。

基肥一般占总施肥量的40%，以有机肥为主，每667米^{2}用腐熟的猪、牛厩肥1000～1500千克，草木灰1000千克，钙、镁、磷肥50千克，在沟内集中施肥，盖上一层细土。

(2)移栽定植　选择晴暖天气进行定植。定植前将定植沟再行翻挖、整细并浇透底水。一般沟内施肥后，于定植前1～2小时浇底水，但浇水量不宜太大。底水渗下后，双行种植，按株距20厘米、行距30厘米规格将生姜定植于沟内。组培苗移栽第一年植株开展度不大，因此每667米^{2}可定植1万～1.2万株。定植后保持畦面平整，雨天防种植沟内积水。

用复方姜瘟净200倍液浇定根水，用量以湿遍姜块周围泥土为度。这是防治姜瘟病最关键的措施之一。定植后于生姜沟南侧用谷草插成稀疏的花萵或栽一行玉米为姜苗遮阳，如有条件可用遮阳网。

第四章　生姜产量构成及其影响因素

一、生姜的产量构成

生姜是群体结构作物，其产量受群体结构的影响。大田栽培的生姜由许多个体组成，各个个体之间既互相独立，又密切联系、相互影响。许多个体聚集在一起形成群体，群体内的温度、光照、水分、气候等小环境的变化会影响到植物的生长和群体的发展。作物的总产量决定于群体，而作物的单株产量则由个体决定。因此生产上必须采取优良的栽培措施，建立合理的群体结构，协调群体与个体的发展，有利于提高作物的产量和质量。

生姜单位面积产量＝单位面积植株数×平均单株根茎产量，因此，协调这两项因素对提高生姜的产量非常重要。

单位面积的株数是产量构成的基础，也是影响产量的主导因素。在一定范围内，单位面积株数与生姜的产量呈正相关，但当单位面积株数超过一定数量后，生姜产量的增加幅度逐渐减小，甚至可能导致减产。因此，合理的种植密度有利于提高生姜产量。

平均单株根茎产量＝单株姜球数×平均姜球重量，因此姜球的数目越多，姜球越大，产量越高。在栽培过程中应因地制宜，合理密植，既要促进群体发展，又要保证个体生长发育良好，才能达到丰产优质的目的。

生姜的根茎是由生姜母和多次姜球所组成。据调查，莱芜片姜的个体产量组成是：每株具有一个生姜母，发生较早，但体积较小，重量较轻，只占根茎总鲜重的 6.07％；一次姜球数目较多，平均每株 3.4 个，其鲜重占根茎总鲜重的 23.08％；二次姜球数最多，平均每株 8.8 个，占全株姜球总数的 48.48%，其鲜重占根茎总鲜重的 56.68%。可见，一次、二次姜球是根茎的主体，是构成产量的主要部分。三次姜球的数量虽然不少，占全株姜球总数的 27.55%，但由于姜球发生晚，体积一般都较小，而且组织幼嫩，重量较轻，因而对产量形成所起作用较小。

李曙轩研究发现，临平生姜产量组成与莱芜片姜略有不同，其主体是二、三次姜球，占根茎总产量的 77.6%。南方春季播种较早，而秋季霜期到来较晚，生长期较北方长。因此，三次姜球可以得到较充分的发育，对产量形成所起作用较大。说明姜球批次对生姜产量的影响因品种、环境而异。

二、影响生姜产量的因素

影响生姜产量的栽培因素较多，通常生姜生产的各个环节对生姜的生长发育均具有一定的影响，从而影响到生姜根茎的最终产量。

（一）播种期

生姜喜温暖，不耐寒、不耐霜，所以必须在温暖无霜的季节栽培。确定脱毒生姜的播种期应该考虑以下三个因素：一是需在终霜后地温稳定在 16 ℃以上；二是从出苗至早霜适于脱毒生姜生长的时间应该在 135 天以上，生长期间 15 ℃以上的有效积温在 1200～1300 ℃以上；三是把根茎形成期安排在昼夜温差大而温度又适宜的月份里，以利于根茎器官的形成。

生姜应适期播种，不可过早或过晚。若播种太早，地温低，热量不足，播后种姜迟迟不能出苗，极易导致烂种或死苗；播种过晚，则出苗迟，从而缩短了生长期，造成减产。据区力松等试验，小黄姜的播种期与出苗率、生长发育期、株高、分株数和单株产量均有密切关系。播种时间过早，地面温度较低，出芽率较差，株高、分枝数、单株产量等参数较低，单位面积产量也相应较低；播种期推迟，地面温度较高，出苗整齐，但播种时间过迟，植株的生育期缩短，株高和单株产量也相应下降，单位面积产量也下降。播种原则是在适宜的播种季节，以适当早播为好，播种过早或过迟，产量均较低。

（二）催芽大小

生姜的幼芽是幼苗生长的基础，姜芽的大小、健壮与否对幼苗的生长，乃至发棵期和根茎形成期的生长都十分重要，也是影响生姜产量的重要因素。催芽大小一般可分为大、中、小三个等级：大芽芽长大于 2 厘米，粗 0.8～1.0 厘米，芽基部已发生不定根；中芽芽长 1～2 厘米，粗约 1 厘米，芽基部已见根的突起；小芽芽长 0.5～1.0 厘米，粗 0.5～0.7 厘米，芽基部尚未见根的突起。

据徐坤等的研究，催芽的大小对生姜的生长及产量均有直接的影响。播种时，姜芽的大小对地上茎叶的生长有明显的影响。大芽的出苗时间比中、小芽的出苗时间早 1 周左右。在幼苗期大芽的株高、茎粗、分枝数、叶片数等参数均高于中、小芽。但大芽的生理年龄较老，进入旺盛生长期后，开始出现生长缓慢，叶片早衰，生长势逐渐减弱，叶面积小于中、小芽的植株。而中、小芽姜块虽然出苗晚，前期长势较弱，但旺盛生长期生长速度加快，表现出强于大芽植株的生长优势。

一般情况下，生姜产量的 60%是在收获前 40～50 天形成的，由于中、小芽播种的植株出苗稍晚，中后期生长旺盛，光合作用前，能充分利用生姜生长期长的特点，从而提高产量；大芽播种的植株虽然前期长势强于中、小芽播种植株，但是后期正是产量形成的关键时期，大芽播种植株约比中、小芽播种植株提前 30 天衰老，不仅使大芽植株的茎叶生长受到抑制，光合作用能力下降，而且高强度光合作用的时间缩短，干物质积累量减少，导致产量降低。

(三)栽培密度

在生姜的栽培过程中,合理密植是生姜获得丰产的中心环节。生姜单株产量是由根茎姜球数和平均姜球重构成,而生姜的群体产量是由株数和单株产量构成,种植密度与生姜的产量和质量密切相关。单株产量主要受制于品种、种姜大小、生长期长短、田间管理水平等因素,因此,确定合理的栽培密度需要考虑各个方面的影响。而且合理的种植密度并不是一成不变的,应该根据具体条件确定。基本原则为:土质肥沃、水肥充足、种块较大、生长期长且管理精细的条件下,群体内往往茎叶茂盛、植株高大,因而种植的行、株距应适当加大,防止姜田过密、通风透光不良,使其具有足够的营养面积,从而让个体能够得到较好发展,充分发挥个体产量优势;相反,在山岭贫瘠薄地及肥水不足、种块较小或生长期短的条件下,往往植株个体较小,因而所需要的营养面积也应缩小,增加种植密度,充分利用田间光源,以提高产量。

1. 栽培密度对光照度分布的影响　生姜茎秆直立,分枝较多,开展度较小,叶片的空间分布具有明显的层次性,高水肥条件下,叶片主要分布在离地面 60～80 厘米的空间内,中等肥水条件下则主要分布在离地面 40～60 厘米空间内,因而生姜的中、上层叶面积较大。田间的光照强度分布自上而下逐渐减弱,种植越密,光强减弱越明显。据研究,每 667 米^2 种植 6000 株,植株上部最大叶层处的光强为自然光强的 59.8%,植株基部为自然光的 8.1%,消光系数为 0.62;而当栽培密度达到每 667 米^{2}9000 株时,其消光系数为 0.77,植株上部光照状况尚好,但基部光强很弱,仅有自然光强的 1.6%,难以满足正常光合作用的需求。

2. 栽培密度对叶面积指数的影响　在栽培密度为每 667 米^{2}6000～9000 株时,叶面积指数随着种植密度的增加而增加,但增加幅度逐渐减小。在一定范围内叶面积指数与产量呈正相关。

赵德婉研究发现，在栽培密度为每667米^{2}6000～8000株条件下，产量随着叶面积指数的增加而增加；但当达到9000株时，叶面积指数较高，但单株产量降低，每667米^{2}产量也随之降低。因此，在生产上应根据各地的实际情况，确定合适的叶面积指数范围。

3. 栽培密度对生姜个体生长的影响　栽培密度对生姜个体发育有较大影响。一般群体越密，个体越弱，单个姜球越小，单株产量越低。但群体较小时，增加栽培密度对个体生长影响很小，而且能显著增加群体总产量；超过一定范围再增加密度时，则对个体生长发育产生不良影响，群体增产效果也小。研究表明，由每667米^{2}种植6000株增加到8000株，其个体生长发育状况虽有减弱趋势，但并不明显，其株高、单株叶面积、分枝数及根茎重等相差不大；但当增加到9000株时，则个体生长明显变弱，表现为植株矮小，分枝较少，叶面积也小，单个姜球小，商品质量下降。

4. 栽培密度对群体的影响　栽培密度对群体发展、群体光合速率和产量有很大影响。在一定范围内，栽培越密，单位面积的生物学产量越高；但若栽培过密，则群体特性趋于稳定，而单株产量降低，商品质量下降。研究表明，随着群体密度的增加，生姜的株高、单位面积分枝数、叶面积指数和单位面积产量均有不同程度的提高，群体光合速率也随群体密度的增加而增加，但它们是在低密度下增幅较大。当栽培密度达到每667米^2 7000株以上时，增幅明显变小。由此可见，合理密植可以促进群体的发展，从而较好地利用光能和地力，以增加产量。但密植增产不是无限的，不是越密越好，而应根据当地的具体条件，确定合理的栽培密度，使群体大小适宜，才能获得丰产。试验表明，在中等肥力水平的土壤上，莱芜小姜的栽培密度以每667米^{2}8000株为宜，莱芜大姜则以每667米^{2}6000～7000株为宜。

(四)种姜大小

据研究,在一定范围内,种块越大,出苗越早,姜苗生长越旺盛,产量也越高;反之,种块越小,出苗迟,幼苗弱,产量下降。据赵德婉等的试验,种块在 75 克左右生姜的产量最高。

王光美等研究发现,在一定范围内,随种块的增大,生姜生长前期植株较高,茎较粗壮,生长量较大,表现为生长较好,这与生姜幼苗期主要依靠种块供给养分有关。但种块过大(100 克)时,种姜萌芽较多,虽然在前期群体较小时,表现为分枝较多,长势较旺,但由于生长点过多,光合同化产物不能集中供应主芽,致使各分枝细弱,尤其生姜进入旺盛生长期后,因群体迅速扩大,过多的萌芽严重影响了单芽的分枝,致使生长势衰弱,从而导致产量反而低于 75 克种块的产量。而小种块虽然可以通过加大密度在一定程度上提高产量,但其根状茎瘦小,商品性状差。

(五)姜田遮阴

生姜喜阴怕光,不耐强光照射,尤其是生姜生长的幼苗期正处于初夏季节,天气炎热,如果不进行适度的遮光处理,植株往往矮小瘦弱、叶片发黄、长势不旺。而且,强光照射使姜田气温、地温增高,土壤蒸发量大,含水量下降,不能保证苗期水分的供应。因而,我国各地栽培的姜田均采用遮光措施,以提高生姜产量。

姜田遮阴的作用主要有以下几点:

第一,减弱光照强度,避免强光直射,为姜苗的生长创造适合的光照条件,减轻强光对姜苗生长的抑制作用。生姜的适宜光照强度在 20000～35000 勒之间,而夏季午间的自然光照在 80000 勒以上,明显超过了生姜的最佳光合作用光强度,光抑制作用严重,而适当遮光,可以降低光照强度,从而减弱光的抑制作用,有利于姜苗的生长。

第二，改善田间小气候，降低姜田气温、地温，为姜苗的生长提供适宜的环境。据研究，6 月中旬到 7 月中旬于晴天遮阴，姜田气温可降低 1～2 ℃；5 厘米地温降低 3～6 ℃。而且在干热天气，适当遮阴可减少土壤水分蒸发，保持空气湿润，减轻干热风对生姜的不良影响，为姜苗的生长创造适宜的温度、湿度条件。

第三，提高叶绿素含量，增加光合作用效率。虽然遮阴降低了饱和光强，使叶片的光合速率下降。但在自然光照条件下，生姜叶片叶绿素含量低于遮光条件下的叶绿素含量，因为光照过强时，叶片通过降低叶绿素含量来减少对光能的捕获，防止过剩光能对光合机构的破坏作用，从而降低了光合作用效率。而在遮光条件下，姜苗叶片中的叶绿素含量保持在较高水平，增强叶片在弱光下捕获光能的能力，提高有效光合作用率，从而提高了生姜的生物产量。

第四，促进生姜健壮生长，提高根茎产量。据王绍辉的研究，遮阴程度对生姜的生长和含量具有较大的影响。适当遮阴可使主茎增高、增粗，分枝数和叶数增多，叶面积扩大，全株生物产量和根茎产量增加。遮阴 60%最适合姜苗的生长，产量较高。不遮阴则由于光照过强，抑制了生姜的生长，株矮秆细，叶片数少，分枝数少，姜球小且少，产量下降；而过度的遮阴由于满足不了生姜对光照的要求，使之处于光匮乏状态中，同化物积累少，运送到根茎的养分减少，影响了根茎的膨大，生物产量与根茎产量均较小。

第五，有利于促进生姜根系的扩展和提高根系活力。据徐坤等的研究，在干旱条件下，遮光可显著提高根系活力，在水分胁迫条件下，莱芜大姜、莱芜小姜的根系活力分别提高 18.2%和 25.5%。遮阴后，根系重量迅速增加，根系吸水能力提高，从而可以充分满足地上茎叶生长所需的水分和矿物营养，促进茎叶生长旺盛，加强光合作用，增加干物质积累，从而提高生姜的生物产量和根茎产量。

姜田遮光方法较多，传统栽培方法都是以插影草来进行遮阴的。即在种姜播种后，在生姜沟南侧（东西向沟）或西侧（南北向沟），插上麦草束或玉米秸等，按 10～15 厘米的距离交互斜插，高 70～80 厘米，使生姜沟呈花荫状态。但这种遮阴方式最大不足之处是在时间空间上遮阴不均匀，7～8 月份中午最热的时候，遮阴面积却最小，遮光率远远不够。

据研究不同的遮阴方法对生姜产量具有较大影响。据山东省烟台农业推广中心在龙口市北马镇大姚家村试验，参试品种为龙口黄生姜，利用遮阳网、麦草、玉米秸、打孔黑地膜等覆盖材料均比不遮阴姜田，生姜长势好，产量增加，但遮阳网增产幅度高比对照增产 23.4%（表 4-1）。

表 4-1　不同覆盖材料对生姜生长及产量的影响

遮阴材料	株　高（厘米）	分枝数（个/株）	小区产量（千克）	根茎产量	
				千克/667 米^2	与不遮阴比值(%)
遮阳网	72.2	18.4	48.6	4794.1	123.4
麦　草	73.3	18.3	45.4	4479.4	115.3
玉米秸	73.6	17.8	46.8	4615.4	118.8
打孔黑地膜	70.1	17.2	46.2	4557.2	117.3
不遮阴	65.5	15.4	39.4	3884.0	100

（六）土壤水分

生姜喜湿润，不耐旱、不耐涝，其根系浅而不发达，吸水能力较弱，难以利用土壤深层水分，因此栽培过程中土壤的水分对生姜的生长及产量具有较大影响。根据徐坤等的研究，土壤的水分含量对生姜生长的各个时期均具有显著影响，特别是幼苗期。正常条件下莱芜大姜的株高可达 53 厘米，叶面积可达 380 厘米^2/株；而土壤水分为40%的严重胁迫状态下，株高仅为25厘米，叶面积仅为160厘米^2/株，严重抑制了生姜植株的生长，致使生长的各个阶段，生姜植株的地上茎叶差异非常明显。

如果长时间处于水分胁迫条件下，生姜的生物产量非常低，根茎产量显著下降。因此，在栽培过程中应该加强水分管理，及时浇灌，防止土壤水分过低。但也不能大水漫灌，否则生姜根茎容易腐烂、病变，影响生姜的产量和质量。

（七）施肥水平

生姜是喜肥、耐肥作物，且整个生长期较长，产量高，对养分的吸收量大，施肥的次数及比例对生姜的生长、产量及品质均有显著影响。

1. 氮、磷、钾对生姜生长及产量的影响　在整个生长过程中，生姜植株需要不断地从土壤中吸收氮、磷、钾、钙、镁、硼、锌等各种营养元素，其中以氮、磷、钾的需求量最大，作用最大。生姜的正常生长需要完全肥，如果栽培中缺少某种元素，不仅会影响植株的生长和产量，而且会影响到生姜根茎的营养品质。氮素是蛋白质的主要成分，也是合成叶绿素的主要因素，氮肥供应充足，则叶色深绿，叶片较厚，光合作用强，生长旺盛；若生长过程中缺氮，多出现植株矮小，叶色黄绿，叶片较薄，生长势弱的症状。磷是构成细胞核的主要成分，参与光合作用碳同化过程中的物质转化和能量代谢，因而对光合作用具有重要影响，磷肥充足，前期能促进姜苗根系生长，使根系发达，后期能够促进根茎的生长而提高产量；缺磷则出现植株矮小、叶色暗绿、根茎发育不良的症状。钾能促进光合作用，降低呼吸作用，促进糖和淀粉等养分迅速运输到产品器官，因此能提高产量，改进品质，钾肥充足，生姜植株茎秆粗壮，分枝多，叶色深绿，叶片肥厚，抗病性强，根茎肥大，品质优良。但如果滥用肥料，施肥过多，也可能对生姜植株的生长造成抑制作用，使产量下降，品质降低。

生姜对氮、磷、钾的需求量较大，但需求比例存在较大差异，不同的肥料组合对生姜的产量具有较大的影响。根据李录久等对安徽柴生姜的研究，氮、磷、钾平衡合理施肥可显著提高生姜产量（表4-2）。

表 4-2　不同氮、磷、钾组合施肥对生姜生长及产量的影响

处　理	生长期			收获期			平均产量（千克/公顷）
	株高（厘米）	分枝数	茎周长（厘米）	株高（厘米）	分枝数	单株块重（克）	
$N_{375}P_{90}$	45.6	7.80	3.8	50.9	8.67	251.0	34628
$N_{375}P_{90}K_{450}$	48.6	8.65	4.1	56.3	9.73	293.0	39855
$N_{450}P_{90}K_{450}$	53.5	9.20	4.5	65.7	11.67	325.5	45630
$N_{450}P_{90}K_{525}$	51.0	9.85	4.0	61.4	10.27	325.5	38678
$N_{450}P_{120}K_{525}$	47.5	8.90	3.9	61.3	8.93	301.0	40516
$N_{450}P_{150}K_{525}$	56.0	9.63	4.3	62.0	9.86	298.0	39298

注：小区面积为 19.8 米^2，3 次重复，完全随机区组排列。供试生姜品种为当地柴生姜，种植密度为 13.6 万株/公顷

2. 生姜对氮、磷、钾的吸收分配规律　随着生姜的生长发育，生姜植株从土壤中不断吸收，积累了大量营养物质。但在不同生长时期，生姜对营养元素的吸收不同。王馨笙等研究发现，生姜不同生长期对氮、磷、钾的吸收有如下规律：生姜幼苗期生长时间虽占全生长期的 52.6%（103 天），但因生长量较小，对氮、磷、钾元素吸收速率较低，其相对吸收量仅分别为 24.2%、24.7%和 23.9%；发棵期植株对氮、磷、钾的吸收速率较高，虽然仅持续 36 天，但相对吸收量分别达 31.8%、29.8%和 29.0%；根茎膨大期生姜植株对氮吸收速率略有下降，但对钾的吸收速率则增加，吸收量分别达 173.9、72.8 和 288.5 千克/公顷，分别占全生育期的 44.0%、45.5%和 47.1%。

除此外，生姜植株的不同生长期对氮、磷、钾的吸收比例也不相同，幼苗期、发棵期和根茎膨大期对N、P_2O_5、K_2O吸收比例分别为2.4∶1.0∶3.7、2.6∶1.0∶3.7和2.4∶1.0∶4.0。在生姜的全生长期吸收钾素最多，氮素次之，磷素最少，N、P_2O_5、K_2O吸收比例为2.5∶1.0∶3.8。随生长的进行，生姜对氮、钾的吸收比例增加，而根茎膨大期则氮的吸收比例降低，钾的吸收比例进一步提高。因此，在生产上除保证足量钾、氮、磷素供应外，还需要根据各种肥料的肥效和功能，确定不同肥料的施用时期，氮素宜在发棵期及早追施，以促进同化系统的快速形成；磷肥的肥效迟缓，宜做基肥施用，以促进根系生长；而钾则宜在根茎膨大期追施，以促进同化产物向地下根茎运输。

3. *施肥及施用水平对生姜品质的影响* 生姜根茎的维生素、糖分、蛋白质和硝酸盐含量是影响生姜营养及食用品质的重要指标之一。适宜的钾氮配施能有效提高生姜根茎的维生素含量、可溶性糖含量和蛋白质含量，且可显著降低生姜根茎内有害物质硝酸盐的含量，从而提高生姜根茎的品质。据李录久研究，低氮(N_{375})水平下，增施钾肥可提高维生素的含量，且在中等钾肥用量时维生素的含量最高。氮、钾肥对糖分的影响则是在钾肥用量相同的条件下，增施氮肥可提高根茎可溶性糖和蔗糖的含量，但钾肥的用量在中等水平时可溶性糖和蔗糖含量较高。施用不同比例的氮钾肥对生姜根茎粗蛋白影响不显著，但对根茎内的有害成分硝酸盐的影响较为显著。低氮(N_{375})条件下，施用钾肥后，硝酸盐含量降低；但进一步加大钾肥用量，硝酸盐含量则随钾肥用量的加大而相应升高。高氮(N_{450})条件下具有类似的效应(表4-3)。因此，生产上的合理施肥可提高生姜根茎的品质。

增施磷肥有利于糖的合成、运输和积累，也可提高根茎淀粉的含量，但由于磷肥可促进淀粉转化为可溶性糖，因此，磷肥的施用量过多，不利于淀粉的积累。同时磷肥可促进植株对氮素的吸收，

表 4-3　氮、钾配施对生姜品质的影响

处　理	维生素(毫克/千克)	可溶性糖(%)	还原糖(%)	蔗糖(%)	粗蛋白质(%)	硝酸盐(毫克/千克)
$N_{375}K_0$	45.9	9.02	4.47	5.26	9.91	151.7
$N_{375}K_{375}$	51.8	10.76	4.53	5.87	9.63	118.6
$N_{375}K_{450}$	52.1	10.62	4.74	5.75	9.50	120.6
$N_{375}K_{525}$	51.9	10.20	4.57	5.38	9.56	131.1
$N_{450}K_0$	43.8	10.80	4.56	6.10	10.25	170.2
$N_{450}K_{375}$	48.4	11.30	4.62	6.61	10.28	150.5
$N_{450}K_{450}$	50.9	11.03	4.61	6.58	9.84	129.5
$N_{450}K_{525}$	49.8	10.92	4.55	6.25	10.09	131.0

对蛋白质和氨基酸的合成也有一定的促进作用。钾可活化淀粉合成酶,促进单糖向合成淀粉方向进行,对纤维素的合成也有促进作用。因此,钾肥施用量越大,淀粉和纤维素的含量越高,从而提高生姜的耐贮性。适量的氮、钾、磷肥配施还可提高生姜根茎的挥发油含量,从而提高生姜的品质。

(八)微肥施用

生姜在生长过程中,除了需要从土壤中吸收氮、钾、磷三个要素外,还需要吸收钙、镁、硫等大量元素,以及一些微量元素,如锌、硼等。

据徐坤等报道,钙主要分布在植株的侧枝和侧枝的叶中,其次为根茎,而主茎和主茎叶中分布的钙较少;镁主要分布在根茎中,其次为侧枝和侧枝叶中,主茎和主茎叶中含量较少。因此,在植株生长的中后期增施适量的钙肥和镁肥可以促进植株的生长,从而提高生姜根茎的产量。

此外，锌和硼对生姜的生长发育也十分重要。据测定，每生产1000千克生姜，需要吸收锌9.88克、硼3.76克。据王晓云研究，生姜对锌的吸收动态为：随着植株生长时间的延长，植株吸锌量逐渐增加。幼苗期(7月24日以前)吸锌量较小，只占总量的7.5%；盛长前期(7月24日至8月24日)占23.8%；而盛长中后期(8月24日以后)，吸锌量大幅度提高，占总量的68.7%。说明锌可促进植株的生长，尤其是生姜根茎的形成。

但是施用锌肥要适量，植株体内的锌浓度保持在适当水平时才能保证植株的正常生长发育，过高或过低都会产生不良影响。增施锌肥可提高植株体内的锌浓度，改善各种营养元素之间的平衡关系，使体内代谢更加旺盛，从而使生姜茎秆粗壮、分枝增加、叶面积加大，光合作用量增加，从而增加生姜植株的干物质积累。根据张乃国的报道，锌肥的施用量在每667米^{2}2～3千克之间为宜，生姜根茎的增产率最高，增产效果最为明显。

硼也是生姜植株生长中的一个必不可少的元素。生姜对硼的吸收规律与对锌的吸收规律大体相似，都是随着植株的生长发育，吸硼量逐渐增加，在根茎迅速膨大时期的吸硼量最多，占总量的60%左右，表明硼可促进根茎的形成。据报道，硼主要分布在生姜植株的叶片中，占37%～58%，其次为茎梢和根茎。因此，硼对维持叶片的正常功能起着非常重要的作用。据测定，25毫克/千克是生姜植株叶片中硼浓度的临界值，低于此水平则需要增施硼肥。据张乃国报道，硼肥的施用量在每667米^{2}0.5～1千克之间为宜，生姜根茎的增产率最高，增产效果最为明显。而且硼肥和锌肥配合施用可显著提高生姜根茎的产量。每667米^{2}施用1千克硼砂、2千克硫酸锌或2千克硼砂、1千克硫酸锌，可增产600～700千克，增产效果明显。硼肥和锌肥配合施用后，叶面积及分枝数高于单独施用硼肥或锌肥的处理组，更显著高于对照组；而且硼肥与锌肥配施后，姜球明显比对照组膨大，姜球圆而肥，皮色鲜艳有光泽,表明锌、硼微肥可促进生姜植株的生长,增产效果显著。

(九)乙烯利浸种

据赵德婉等报道,播种前使用乙烯利浸种,可明显促进姜芽的萌发,表现为发芽速度快、出芽率高,每块种姜上萌芽数增多,由每块种姜上1个芽增到2～3个芽,且由于种姜萌芽数增加,单株分枝数相应增加,叶片数量增加,从而大大提高了光合作用面积,促进光合作用产物积累,从而提高了根茎产量。

但浸种时使用的乙烯利浓度应适当,以250～500毫克/千克浓度为宜,在此浓度下可促进发芽、增加分枝、提高根茎产量。浓度过高,达到750毫克/千克,则对生姜幼苗的生长具有显著的抑制作用,表现为植株矮小,茎秆细弱,叶片小,根茎小,产量下降。

乙烯利浸种可增加根茎的产量,但对不同品种的影响也存在一定差异。根据李润根的试验,3个浓度处理后均可增加每株姜球数,提高单株产量。其中以莱芜大姜使用250毫克/升乙烯利浸种的单株产量最高,达358.6克,比对照增产31.7%;莱芜小姜使用250毫克/升乙烯利浸种单株产量为298.9克,比对照增产25.2%;宜春风亭山姜使用250毫克/升乙烯利浸种单株产量315.6克,比对照增产39.0%,但使用500毫克/升乙烯利处理,因姜球小、单株根茎小,反而比对照减产5.6%(表4-4)。

(十)栽培方式

不同的栽培方式对生姜产量具有较大影响。据山东省烟台市农业推广中心的研究,生姜保护地栽培地膜覆盖、塑料拱棚栽培和日光温室栽培对生姜生长及产量均有影响。

1. *地膜覆盖栽培对生姜生长及产量的影响*　生姜不耐霜冻,霜降前即需收获,生长期短往往是限制其产量的进一步提高的原因之一。据他们在龙口市东宝食品有限公司蔬菜基地对龙口脱毒

表 4-4　乙烯利处理对生姜产量的影响

品　种	乙烯利（毫克/升）	姜球数（个/株）	单株产量（克）	比对照增幅（%）
莱芜大姜	0	11.1	272.2	
	150	14.2	321.5	18.1
	250	14.7	358.6	31.7
	500	14.5	281.7	3.5
莱芜小姜	0	15.2	238.8	
	150	19.6	282.3	18.2
	250	22.3	298.9	25.2
	500	23.5	270.3	13.2
宜春风亭山姜	0	17.2	227.0	
	150	25.0	286.7	26.3
	250	26.6	315.6	39.0
	500	19.7	214.3	−5.6

黄生姜进行的地膜覆盖栽培试验，发现地膜覆盖由于提高了地温，提早了播种期，比常规露地播种（不盖地膜）早出苗 8～19 天，生姜的生长期得以延长，同化器官提早壮大，表现为株高、茎粗增加，单株分枝数增多，单株叶面积增大，增产效果好，比对照增产 20%以上。而且地膜覆盖栽培能保持土壤水分，减轻杂草为害，提高土壤温度，加快出苗和生长，省工省时，经济效益显著。

2. 拱棚栽培（春早播、秋延迟）对生姜生长及产量的影响　在烟台种植生姜，一般是立夏播种，霜降收获，生长期 160 天左右。他们经过几年的试验研究，利用塑料拱棚栽培生姜，实行春早播、秋延迟收的技术措施，播种时间由立夏提前到谷雨前，收刨时间由霜降延迟到立冬后，使生长期达 200 天以上，比传统的露地种植生长期延长了 35～40 天。有效积温增加，特别是秋延迟生长期间昼夜温差大，养分积累多，地下茎膨大快，产量显著提高。据测定，秋延迟生长期间生姜每天增重达 30～40 千克/667 米^2，至收获时增产 520 千克/667 米^2 以上，增产幅度达 13％以上。

秋延迟栽培的增产原因有两个：

一是延长了适于生姜产品器官生长发育的时间。根据沂南县气象资料，当地初霜期一般为 10 月中下旬，到 10 月下旬平均气温已降至 14.7 ℃，生姜传统栽培的收获期为 10 月中旬。此时生姜二、三次根茎分枝基本形成，四次分枝刚刚开始，正是生姜根茎膨大旺盛期。采用大棚保护地秋延迟栽培后，可创造生姜后期生长发育适宜的温光条件。据测定，大棚覆盖后，11 月中下旬晴天平均气温达 17.5 ℃，光照强度 1.9 万～4.5 万勒；阴天平均气温达 12.5 ℃，光照强度 1 万勒以上，可延长生育期 40 天，增加有效积温 500 ℃以上，保持较强的光合能力。

二是促进了生姜的生长发育。据杨征林等对大棚秋延迟栽培生姜的收获测定，比传统栽培平均株高增加 6.3 厘米；一次分枝根茎增长 0.3 厘米，横径增粗 0.5 厘米，增重 7 克；二次分枝根茎增长 0.5 厘米，横径增粗 0.9 厘米，增重 22 克；三次分枝根茎增长 1.5 厘米，横径增粗 1.4 厘米，增重 29 克；四次分枝根茎增长 1.6 厘米，横径增粗 1.8 厘米，增重 15 克。秋延迟栽培明显地促进了生姜根茎的生长发育，增加了后期产量。

3. 日光温室栽培对生姜生长及产量的影响　温室栽培生姜可延长生育期，高温季节遮阴方便，生姜生长明显优于露地生姜，增产率达 35％以上。

第五章　脱毒生姜高产栽培技术

一、脱毒生姜栽培周期安排

具体安排见表5-1

表5-1　脱毒生姜栽培周期安排

时　间	工　作	工作内容	注意事项
2月下旬至3月上旬	晒姜种、催芽	晾晒2～3天（中午），选种，生姜催芽适温20～23℃，空气相对湿度40%～60%	15℃以下不能晾晒，密闭催芽
3月中旬至4月上旬	播种	露天地膜栽培可于4月上中旬播种，小拱棚栽培可于3月底4月初进行播种，大拱棚栽培可在3月20日前后播种，提前开沟施肥，播后喷除草剂，覆膜	行距60～70厘米，株距20～25厘米，深度15厘米，覆土2～3厘米
4月上旬至5月初	破膜放苗	及时破膜放苗，进入4月中旬及时防治地老虎	防“烤苗”，慎浇水
5月	遮阴，浇水	从5月上旬开始，即可为姜苗遮阴，可采用搭架遮阴，或地面覆草遮阴，或间作遮阴，或黑色地膜遮阴	避免用玉米秸秆，施肥时应少施，勤施

续表 5-1

时　间	工　作	工作内容	注意事项
5～6月	防治蓟马，浇水，施肥	发现蓟马时，一般5～7天防治1次	交替用药
6月上中旬	防治钻心虫	一般6月5日左右防治第一次，7天1次，连防3次	交替用药，兼治蓟马
6月下旬至9月	防治甜菜夜蛾、棉铃虫等，撤膜，撤遮阴网，小培土	一般7～10天1次	交替用药，培土时不可过深或过浅
7～9月	浇水，防涝，培土，施肥	一般10天左右浇水1次，雨后排涝，结合浇水培土施肥	田间不能有积水，地表保持湿润
7月下旬至8月中旬	培土，施肥	分3次进行，立秋前10天1次，立秋1次，立秋后10天1次，施高氮高钾肥30～50千克	培严，培实
10月下旬至11月上旬	收获	初霜前收获完毕	分级贮藏
11月后	贮藏	前期注意通风，后期注意保暖	夏天不能晒透，冬天不能冻透

二、脱毒生姜栽培技术要点

(一)适期早播

我国地域辽阔,各地气候条件相差很大,满足上述条件的时间亦有较大差别,因而各生姜产区适宜的播种期各不相同。如广东、广西等地,全年气候温暖,冬季无霜,播种期不甚严格,1～4 月均可播种;长江流域各省,露地栽培一般于谷雨至立夏播种;而华北一带多在立夏至小满播种;东北、西北等高寒地区无霜期过短,露地条件下种植生姜产量较低,地膜或小拱棚覆盖栽培可提早一个季节播种,产量较高。

(二)选择种姜、培育壮苗

1. 选择种姜　选择种姜应掌握以下几个标准:①适宜的品种。生姜品种较多,各地方品种之间差别较大。因此宜选用本地的优良品种作种姜。②留种田块无病害。姜瘟是一种细菌性的病害,对生姜的生产危害极大。因此生姜的留种田块应选择没有病害的地块。在姜瘟发病区应选择第一次种植生姜,并且无姜瘟发生的田块留种。③姜块充分成熟。生姜一般以老姜作种姜,要求采收种姜时,姜块达到充分成熟。④采用脱毒姜种可以极大地减少病害的发生,达到增产和减少药物、人工投入的目的。

留种的种姜,为了让其充分成熟,不要过早采收。在冬季较温暖的地区,一般在霜期到来以前,把生姜的茎叶齐地面割下,盖在畦面上,以减少生姜的水分蒸发和防寒。待到第二年 1～2 月,即种植前 20～30 天采收;在冬季较冷的地区,一般在 11～12 月采收种姜。采前稍为风干,放在室内或入窖贮藏。

2. 培育壮芽　培育壮芽是获得生姜丰产的首要生产环节。壮芽芽身粗壮，顶部钝圆；弱芽则芽身细长，芽顶细尖。姜种芽强弱与种姜的营养状况、种芽着生位置以及催芽温度与湿度有关。

(1)种姜的营养状况 俗话说“母壮子肥”。在一般情况下，凡种姜肥胖鲜亮者，因其营养状况好，新长的芽多肥壮；而种姜瘦弱干瘪的，其营养差，新长的芽多数瘦弱。

(2)种芽着生位置 由于顶端优势，种姜的上部芽及外侧芽多数较为肥壮，而基部芽及内侧芽往往细弱。

(3)催芽温度与湿度 在22～25 ℃适温条件下催芽，新生幼芽健壮；若催芽温度过高，长时间处在28 ℃以上，新长的幼芽瘦弱细长。催芽期间湿度过低(主要是晒种姜过度，导致失水过多所致)，种芽往往瘦弱。

3.培育壮芽的方法

(1)晒生姜困生姜 于适期播种前20～30天，从贮藏窖内取出姜种，用清水洗去姜块上的泥土，平铺在草席或干净的地上晾晒1～2天，傍晚收进室内，以防夜间受冻，称为“晒生姜”。

晒种主要有以下几方面的作用：

第一，提高姜块温度，促进内部养分分解，从而加快发芽速度。一般窖内的温度为13～14 ℃，生姜在此温度条件下，基本处于休眠状态，经晒生姜后，种姜体温明显提高。据测定，在室温22 ℃条件下，堆放室内而未经晾晒的姜块表面温度为21 ℃，内部温度为20 ℃；在阳光下晾晒的姜块表面温度为29.5 ℃，内部温度为28 ℃。

第二，减少姜块水分，防止姜块腐烂。由于窖内湿度大，姜块含水量极高，经适当晾晒后，可降低姜块水分尤其是自由水含量，防止催芽过程中发生霉烂。

第三，有利于选择健康无病姜种。带病姜块未经晾晒时，病症不甚明显，经晾晒之后，则往往表现为干瘪皱缩，色泽灰暗，病症十分明显，因而便于淘汰病生姜。

晒生姜必须适度，切不可晒得过度，以免姜块干缩，出芽细弱。中午阳光强烈时，需用草席或其他物体遮阴。

姜种晾晒 1～2 天后，即将其置于室内堆放 2～3 天，上面覆以草帘，促进养分分解，称为“困生姜”。

一般经 2～3 次晒生姜、困生姜，便可开始催芽了。

(2)选种　应挑选块大肉厚、芽头钝圆、表皮新鲜颜色黄亮、肉鲜黄、质地较硬、不干缩、不腐烂、未受冻害及无病虫危害和机械损伤的健壮姜块作种姜，如发现已脱皮、肉质变黑或有褐色病变的应严格淘汰。在晒生姜催芽时，若发现姜芽眼基部周围出现裂纹者，应立即剔除。姜块小、生姜爪短、色泽不纯、干瘦不壮的姜块也应予以剔除，不能作为种姜使用。

选种后需要对种姜进行消毒处理，以防止种姜上的病菌危害和蔓延。常用的种姜消毒方法有如下几种：

方法一：用姜瘟灵 300 倍液浸种 30 分钟后捞起，平地堆放，并用稻草或旧麻袋覆盖，闷 6～12 小时，再进行催芽栽培。

方法二：用“401”抗菌剂 1000 液浸泡姜种 1 小时。浸种液的重量相当于种姜的 2 倍。

方法三：按 1∶1∶120 比例准备石灰、硫酸铜、水，将前两者分别溶解后一并倒入桶内，充分混合配成波尔多液，浸种 20 分钟。

方法四：用草木灰按 4∶1 比例对水，浸泡后取清液浸种姜 10～20分钟。

方法五：用固体高锰酸钾对水 200 倍浸种 10 分钟。

方法六：用 0.1％农用链霉素或 0.05％土霉素溶液浸 30 分钟。

(3)催芽　催芽可促使种姜幼芽尽快萌发，出苗快而整齐，因而是一项很重要的技术措施。我国南方地区气候温暖，清明前后种姜出窖后大多数姜块上已经发芽，可不经催芽直接播种。但大部分地区春季温度较低，阴雨较多，种姜需要催芽后方可播种，否则出苗不齐，长势较差，生长延迟而导致产量显著下降。

催芽的过程，南方称为“熏生姜”或“催青”，多在清明前后进行；而北方则称为“炕姜芽”，多在谷雨前后进行。

催芽的方法较多，各地的方法也不同，要因地制宜，采用合适的方法。但无论何种催法，都须先将种姜进行预温，即在最后一天晒生姜时，于下午趁热将种姜选好收回，置于室内堆放3～4天，下垫干草，上盖草帘，保持11～16 ℃，促进种姜内养分转化分解，随即移至催芽场所进行催芽。

常用的催芽方法有室内催芽池催芽，室外土炕催芽，熏烟催芽，阳畦（冷床）催芽等。

①室内催芽池催芽　山东姜种植产区一般采用室内催芽池催芽法，在室内一角用砖或木板建一长方形催芽池，池墙高80厘米，长、宽依姜种多少而定。放姜种前先在温池四周铺一层木板（棉被、晒过的稻草、麦秸也可）用于保温，底部用玉米秸垫起。选晴天晒生姜后，趁生姜体温高，将姜种层层平放池内。生姜厚度50～80厘米较为适宜，如果太厚，容易产生上层与下层受热不均而发芽不齐的现象。

姜种排好后，经10小时散热，于第二天盖池，盖池时在生姜堆上部盖上10厘米麦秸，再盖上棉被或者薄膜保温。温池温度应控制在20～25 ℃（应在催芽池内放置温度计以随时观测催芽池内的温度），经10～12天幼芽萌动，在第25天时，幼芽可长1.0～1.5厘米，此时即可下地播种。正常催芽需20～25天。建议催芽过程中经常查看温池内的发芽情况，适时调节温度，选择最佳时机将合适的姜种及时下种。

②室外催芽法　选择房前院内阳光充足处建催芽池。催芽池有地上式、半地下式2种。地上式是在地面以上垒成一个墙高80厘米的池子；半地下式是在地面下挖25～30厘米深，地上垒50～55厘米高的墙，其余皆同地上式。长宽依姜种多少而定。放姜种

前，将干净无霉烂的麦秸暴晒1天，铺于池底10～15厘米厚（若姜块干燥，可在麦秸上洒适量温水调湿），然后将姜种层层放好，一边放生姜一边在四周塞上5～10厘米厚的麦秸。姜种放好以后，再在上面盖5～10厘米厚的麦秸。顶部用麦秸泥封住。为了方便，亦可不事先垒池，而将姜种直接堆放于阳光充足处，四周盖以麦秸，最后用泥封好。

此法催芽堆放的姜种厚度一般不应超过60～70厘米，否则往往因透气不良，上、下层温差大而使姜芽萌发不匀，湿度大时还会引起烂种。为了增加催芽池内部的透气性，可根据姜种多少及池的大小，在池内生姜堆上部留一个直径15～20厘米的通气孔，孔中竖插几把高粱或玉米作物秸秆，使其伸出顶部。这样经20～25天即可使芽长到1厘米左右。

③沙床催芽　选择背风向阳的地设沙床，沙床湿度以捏则成团、落地则散为宜。沙床长度一般依种姜数量而定，宽1米，厚22～33厘米。床上先铺上一层沙，然后将生姜的芽眼向上，密排在沙床上，厚12厘米，盖3厘米左右的湿沙，再用小拱架盖塑料薄膜，四周压紧压实。遇寒流时当风面要盖草帘保湿。当芽长到0.5厘米时，抓出姜块放于室内炼芽，使之适应外界环境。

④深洞催芽　利用山坡地势高、土层厚的深洞贮生姜，有保温好、易发芽的优点。选择背风向阳的坡侧挖一隧道，使寒风不易浸入洞内，铺好稻草，放好种姜，洞口用稻草封严，到谷雨前后，姜芽已萌出时选晴天种植。

⑤火炕催芽床催芽　以家中火炕（长3米、宽2米）作为催芽床，床底铺设麦秸作隔热层（厚8～10厘米），注意，靠近炉火口处温度易偏高，应加厚麦秸层（厚20厘米左右）。三面墙壁可用纸箱板或泡沫板隔热。然后，把姜种堆放在催芽床上，最外侧最好用泡沫板隔离，注意堆放不宜过高，以80～100厘米为宜。为达到姜种

出芽的温度要求(25 ℃左右),除炉火加温外,可外加“一草一膜一被”的保温措施,即首先用干燥的麦秸覆盖在生姜堆上,厚度约 10 厘米,接着再覆盖一层薄膜,最后覆盖一层棉被,便可进行催芽。但要注意,每隔 10 天左右,需把已被浸湿的麦秸(生姜催芽中会散发湿气,被麦秸所吸收)取出晾晒后再回填,或更换新的麦秸。姜种经催芽 30 天左右后,待大部分姜种已露出花生仁大小的顶芽时,便可结束,最后,按姜芽大小分批播种。

⑥生姜阁催芽法　选地势高燥、避风向阳处建高 8 米,长、宽各 4～8 米的生姜阁,其墙内外均敷泥封实,以防冷风侵入,屋顶上盖瓦,以利通气。阁内距地面 1.3～2 米处用木料架设楼栅,在栅上相间铺钉毛竹片,并用竹栅分成 4～8 室,状如蒸笼底,中央留一约 70 厘米见方的火道(或称人行道),作为烧火时热气上升和摆放姜种时操作人员的下通道。贮生姜前在竹栅上垫 3～4 层干荷叶,在生姜阁一侧上部开一窗,约 33 厘米见方,以排除水气。种姜上阁入室后,上面再用荷叶盖严,以后在楼下烧火加温,每日早晚各 1 次,每次烧 40～60 分钟,目的是使生姜发汗脱水,使阁内温度保持在 12～14 ℃。春分前后,改烧文火,使温度达 20～25 ℃,以促进发芽。一般至 4 月中旬,即可催出 1 厘米左右的姜芽。铜陵生姜阁既可用于催芽,亦可用于贮生姜,在我国各生姜产区独具特色,但建造生姜阁成本高,烧火加温达 5 个多月,管理复杂。

⑦阳畦催芽　随着保护地蔬菜的发展,各地阳畦发展很快,湖南衡阳及四川成都等地已利用阳畦进行催芽。具体做法是:先挖宽 1.5 米、深 0.6 米、长依姜种多少而定的阳畦,在畦底及四周铺一层 10 厘米左右厚的麦秸,将晒好的姜种摆放其中,厚 30～35 厘米,姜块上面再盖 15 厘米左右厚的麦秸,保持黑暗,上部插上支架,盖好塑料薄膜即可。为防夜间受冻,太阳落山前即在薄膜上加盖草苫保温,有条件者还可在阳畦内铺地热线加温。阳畦催芽法姜种摆放薄,内部通气性好,温度也较易控制,可缩短催芽时间

3～5天。有温室的地方,可利用温室进行催芽。即先在竹筐或纸箱内铺垫一层厚5～10厘米的麦秸,将晒好的姜种盛放其中,顶上再盖一层麦秸,将竹筐或纸箱放入温室内,可在筐顶再盖草苫保温,并保持黑暗状态。

⑧席篓、竹筐催芽法　在席篓、竹筐等容器内四周及底部垫3～5层草纸,将晒好的姜种平放其中,放好之后将口封严。然后在厨房里用木棍搭成架子,架高2.2～2.5米,把篓、筐放置其上,利用每天生火烧饭时产生的热气提高温度进行催芽。

⑨大棚或温室催芽法　近几年来,也有利用塑料大、中棚或果菜类蔬菜育苗床进行催芽。在大棚或日光温室内底部垫一层5～10厘米厚的麦秸或草纸,将晒好的姜种摆放其上,厚度30～35厘米,在姜块上再盖一层麦秸或草苫即可。大棚内(或室内)温度控制在20～25℃。该方法与阳畦催芽法一样省工省力,可缩短催芽时间3～5天。

种姜催芽最关键的因素是温度,一般种姜在16℃以上开始发芽,温度过低,发芽极慢,发芽期长。发芽过程中温度保持在22～25℃较为适宜,发芽速度适中,新芽粗壮、质量较好;如高于28℃,姜苗徒长,姜芽瘦弱。

除了上述方法外,目前还可采用生姜免炕壮苗素浸种技术处理。具体做法是在生姜播种前,从生姜窖中取出姜种,晒4～5天,同时掰块(一般保留充实饱满、无萎蔫、无病虫、色泽好、重70克左右的姜块)。每667米^{2}用生姜免炕壮苗素4千克,对水240千克,浸泡60分钟,捞出后播种即可。在使用时,一是要注意药液现用现配,二是严格按照使用方法操作,三是浸种后的残留液可均匀浇到生姜沟中。

(三)整地施肥

1. 选地　选择地势高、排水良好、土层深厚、有机质含量丰富、未发生过姜瘟病的中性或微酸性的沙质壤土。前茬为番茄、茄子、辣椒、马铃薯等茄科作物，以及偏碱性土壤和黏重的涝洼地不宜作为姜田。姜田轮作周期应在2年以上。

2. 播前准备 生姜的生长期长，要求土壤具有良好的保水保肥性。通常于前茬作物收获后，便进行秋耕或冬耕，深翻25～30厘米，土壤经冬季风化或翻晒后，可以改善结构，增加有效养分的含量。第二年细耙1～2遍，将地面整细整平。

我国幅员辽阔，生姜的产地较广，而且各地的气候条件各不相同，因此生姜的栽培方式也存在差异。

北方多采用开沟做垄的方式进行栽培。具体做法是：在整平耙细的地块上按东西方向或南北向开沟，沟距50～60厘米，沟宽25厘米左右、深10～12厘米。沟不宜过长，一般在50米以内，以便于浇水。

南方由于雨水较多，一般采用高畦栽培（图5-1），以便于排水。具体做法是：按1.2米大小做高畦，畦间开沟宽30厘米，深20厘米；或按3～4米做宽面畦，在畦面上横向按35～40厘米行距开10～13厘米沟栽培。

图5-1 生姜高畦栽培

3. 测土配方施肥

(1)测土配方　采用科学配方施肥，以有机肥为主，基肥、追肥相结合，避免过量施肥，提高肥料利用率，防止肥料流失。

(2)起垄施种肥　北方姜田施肥一般进行集中施肥。具体做法是：用窄镢沿生姜沟南半侧开一条小的施肥沟，然后将基肥施在施肥沟中，每667米^{2}用充分腐熟的厩肥6000千克、草木灰100千克、过磷酸钙25千克，使粪土充分混合均匀，再将生姜沟整平，即可进行播种。南方姜田一般采用"盖粪方式"进行，即先摆放种姜，然后盖上一薄层细土，每667米^{2}再撒入5000千克农家肥和少许化肥，最后盖上2厘米左右的土层即可。

注意：生姜喜肥耐肥，要想获得高产，必须合理施用基肥，且基肥应以有机肥为主，以利于改良土壤，增强土壤透气性。但必须使用完全腐熟的有机肥，否则容易出现烧根、粪肥中携带病菌导致姜瘟病等问题，严重影响生姜的生长。因此在施用前应提前腐熟粪肥。腐熟方法为：将干粪肥铺成10厘米左右的一层，加水润湿，然后用激抗菌968发酵剂按使用说明稀释后泼洒，使其均匀润湿粪肥，然后再铺一层15～20厘米的粪层，先加水润湿，再泼洒发酵剂，以此类推，堆成高1米左右的粪堆，3～5天后翻堆1次，10～15天即可完成腐熟。腐熟好的粪肥臭味消失，并带有一股淡淡的腥味，施用后不烧根，改土效果良好。

(四)播　种

1. 播种前准备

(1)掰种姜　催芽的种姜姜块较大，而且姜块大小对生姜植株的生长和产量具有明显的影响，因此在催芽后需要进行掰选工作。

研究表明，在一定范围内，种姜块越大，出苗越早，姜苗生长越旺盛，产量也越高；而种姜块越小，出苗越晚，姜苗瘦弱，产量也较低。但种姜块也不宜过大，否则出苗期过早，种姜萌芽较多，虽然在前期生长较好,长势较旺,但由于生长点过多,光合同化产物不能集中供应主芽,致使各分枝细弱,尤其生姜进入旺盛生长期后,过多的萌芽严重影响了单芽的分枝,致使生长势衰弱,产量反而下降。因此种姜姜块的大小在 50～75 克之间为宜。但脱毒一代种姜(即试管苗移栽后第一年收获的种姜)较少,且姜块一般较小,根茎上芽点较密,因此在掰姜块时,脱毒一代种姜可适当掰小点(25 克左右即可),栽培时可适当密植,以充分使用地力资源。

掰种时要结合块选和芽选过程进行,选择具有壮芽的丰满姜块作为种姜。一般每块生姜上只保留 1 个肥胖壮芽,少数姜块可结合幼芽的情况,保留 2 个壮芽,其余幼芽全部除去,以集中养分供应主芽,确保苗旺而壮。若发现幼芽基部发赤或断面上表褐色,应严格剔除,以防止传播姜瘟病。

为了便于田间管理,可按种块大小和幼芽强弱进行分级,瘦小姜块和瘦弱芽姜块放在一起,肥胖姜块和粗壮芽姜块放在一起。种植时分区进行,分别视生长情况进行田间管理。

(2)浸种　乙烯利作为乙烯的释放剂,可有效地调节生姜的生长代谢。种姜播种前用 250～500 毫克/升的乙烯利浸种 15 分钟,可促进发芽,发芽速度快,出苗率高。

(3)浇底水　生姜发芽慢,出苗时间长,若土壤水分不足,会影响幼芽的出土与生长。为了保证幼芽能够顺利出土,必须在播种前浇透底水。浇底水一般在沟内施肥后,于播种前 1～2 小时内进行,要保证水分刚好渗完,不能有积水,而且浇水量不宜太大,否则姜垄过湿,不便于下地操作。

(4)准备工具及材料　包括铁锹、锄头、小钉耙、喷雾器,灭草剂适量(根据当地杂草情况使用),化肥适量。

2. 摆种姜　生姜根茎为片状,活动芽位于根茎的外侧,决定了具有“生姜母生子姜、子姜生孙姜”的分枝特点。若生姜播种时姜种随意摆放,根茎则会无序生长,极易导致培土阶段部分根茎被铁锨等工具切断，轻则阻碍根系吸水吸肥，出现黄叶、萎蔫现象；重则造成病原侵染导致死秧。乱摆种还可造成生姜根茎的分枝方向与生姜沟平行，导致根茎生长空间有限，影响生长。

因此，在播种姜时，姜种不能随意摆放。在"深打姜沟、浅埋生姜"原则上，注重摆种的细节。一般株距在20～25厘米，即每米4～5株，也可根据实际情况进行适当调整。

播种时待底水渗下后，按株距将掰好的并用乙烯利溶液浸过的种姜排放沟内。各地的种姜摆放方式不尽相同，但大体分为以下几种：

（1）平摆法　即将姜块水平放在沟内，使幼芽方向保持一致。东西向沟，姜芽一律朝南；南北向沟，则姜芽一律朝西。种姜摆放好后，用手轻轻按入泥中，使姜芽与土面相平，再在姜芽上面盖上一层湿土，以免强光烧伤姜芽。将来根茎的分枝方向与生姜沟大体垂直，培土时可避免伤根，且种姜与新株生姜母垂直相连，便于以后采挖老姜。

（2）竖摆法　将姜块竖直插入泥中，姜芽一律朝上，摆放后盖上一薄层湿土，以防止姜芽烧伤。此法种姜与新株上的生姜母上下相连，扒老姜时易伤根，操作也不方便。

（3）倒摆法　南方有些生姜区为了便于扒老姜，将姜种倒放。这种播种方法虽然便于收老姜，但影响姜芽的出土，生产上不宜提倡。

3. *覆土*　种姜摆好后，可用锄头将陇上的湿土扒入沟内盖住种姜，然后再使用小钉耙整平耙细即可。随着机械化的发展，在较为平原的地区也可以使用中耕除草机进行种姜覆土，且省时省力，操作简便。

覆土的厚度在4～5厘米为宜，不可过厚或过薄，且应尽量保持均匀一致。若覆土不均匀，可造成出芽不齐现象。因为覆土是使用锄头从垄背上划锄土壤，将大姜覆盖起来，难免就会出现覆土不均匀的情况。如果覆土厚度超过 5 厘米，就会导致生姜幼芽长势缓慢，出土晚；而覆土过薄，则土壤表层易干，同样不利于幼苗出土。对于覆土不均引起的大姜出芽不齐，可以灌施甲壳素进行补救，促进生姜幼苗的快速生长，以促进苗齐苗壮。

4. 除草　目前姜田普遍推广使用除草醚杀草，主要采用喷雾法或毒土法进行土壤处理。

(1)喷雾法　每 667 米^2 用 0.75～1 千克除草醚，先加入少量水调和均匀，然后再加水稀释至足量(100 升左右)，配成药液，于种姜播种后，趁土壤潮湿时，将药液均匀地喷在姜沟及周围地面上，喷药时注意要倒退操作，防止脚踏地面破坏土表药膜，影响杀草效果。喷药后应保持全面湿润，杀草效果一般可达 85%以上，对姜苗安全无害。

(2)毒土法　每 667 米^2 用 0.75～1 千克除草醚，先将药剂拌入少量(20～25 千克)细土中，使土与药充分混匀；或者先将除草醚溶于少量水中，再将药液喷在少量细土上，混合均匀，然后再扩大土量(预先筛过的半干半湿的细土 15～25 千克)，充分混匀后，堆放 10～14 个小时，让药剂被土充分吸收。于种姜播种后，将毒土均匀撒在生姜沟及周围地面上即可。在施药过程中，同样应倒退撒毒土，以防破坏药膜。

此外，还可以使用二甲戊灵，每 667 米^2 用 33%二甲戊灵乳油 150～180 毫升，加水 60 升，于生姜播后苗前喷雾。沙土地用药需减量。

注意：除草醚的杀草效果，与温度、土壤水分、光照等环境条件有密切关系。①通常气温在 20℃以上时，杀草效果良好，温度较低时，杀草效果较差。因此，除草醚的用量应根据温度的高低而不同，在 20℃气温以上时，每 667 米^2 用 0.75 千克即可；在气温 20℃以下时，每 667 米^2 用药 1 千克方能取得较好的防效。②光照条件对杀草效果也有影响。在一般情况下，光照越强，杀草效果越好;在黑暗条件下,除草醚几乎没有杀草作用。③土壤湿度条件往往是使用除草醚的成败关键。土壤表面潮湿,杀草效果良好;土壤干燥,则杀草效果会大大降低,因此,施用除草醚以后,必须经常保持土面湿润,以提高杀草效果。

5. 覆盖地膜　喷施除草剂后,姜田需要覆盖地膜(不盖膜即为露地栽培,播种时间应该适当延迟,在低温达到 16 ℃以上时进行),以保持土壤湿润,调节地温,促进根系生长和养分吸收,保证出苗齐、出苗快。一般用 75～90 厘米的白色农膜与姜槽成垂直方向覆盖姜垄。为保证升温快,保温好,薄膜必须盖严压实,且与土壤贴紧,不留空隙,以防止出苗时"烤苗";膜面保持洁白,膜上可用些枯枝、竹竿镇压,要防风揭膜和膜破损。姜垄与姜垄之间的沟留 15～20 厘米宽,不盖膜,以便于施肥、浇水。

地膜覆膜有三种类型:一是地膜平铺法,即将地膜平铺在地面上,两个沟一个台,以此类推;二是小拱棚栽培法,先将 90～100 厘米的竹片弯成拱插入地下,然后再覆膜;三是前两种方法合一,叫做双膜覆盖栽培法,此法膜上最好压上草绳或塑料绳,以防大风刮坏拱膜。

6. 播种密度及播种量　播种密度对生姜的生长、群体光合速率和产量都有很大影响。在一定范围内,随着群体密度的增加,生姜的株高、单位面积内分枝数、叶片数等生长指标及产量均有不同程度的提高,群体光合速率逐渐增强。但达到一定密度以后,上述指标趋于稳定。若继续增加种植密度,光合速率和产量有下降趋势。

合理密植是实现丰产的重要措施,但确定合理的种植密度是很复杂的,它受品种、土壤、肥水条件、播种期、播种量以及田间管理水平等多种因素的影响。因此,合理的种植密度不是固定不变的,应该因地制宜,根据品种和具体条件来确定。通常大姜品种(如莱芜大姜)长势强,单株产量高,应适当减小密度,以提高商品品质；小姜种（如莱芜片姜）长势较弱，单株产量低，则应适当加大密度，以充分利用空间，提高光能利用率，达到高产的目的。同一品种通常在土质肥沃、肥水充足的条件下往往茎叶繁茂，植株高大，因而株行距应适当加大；相反，在山岭薄地及肥水不足的条件下往往植株矮小，因而可适当密植。

在北方，种植生姜多采用沟种扶垄的栽培方式，根据一般姜田的土壤肥力状况及管理水平，可将生姜的适宜种植密度大致分为高肥水田、中肥水田、低肥水田 3 种类型。

高肥水田：指水源充足，有机质含量 2%以上，含碱解氮 100 毫克/千克以上，速效磷 40 毫克/千克以上，速效钾 120 毫克/千克以上的田块。其可采用行距 50 厘米，株距 19～20 厘米，每 667 $米^2$ 种植 6500～7000 株。

中肥水田：指水浇条件良好，含有机质 1.2%～2%，碱解氮 60～100毫克/千克，速效磷 15～40 毫克/千克，速效钾 80～120 毫克/千克的田块。其可采用行距 50 厘米，株距 16～17 厘米，每 667 $米^2$ 种植 7800～8300 株。

低肥水田：指浇水条件一般，含有机质在 1.2%以下，碱解氢 60 毫克/千克以下速效磷 15 毫克/千克以下，速效钾 80 毫克/千克以下的田块，可采用行距 48～50 厘米，株距 15 厘米，每 667 $米^2$ 种植 9000 株左右。

在南方各地，栽植方式各异，种植密度也不相同。一般可分为埂子姜、平畦生姜及窝子姜 3 种方式。

埂子姜：即开沟筑姜埂，种姜栽于沟中，沟底宽 40 厘米，埂底宽 33 厘米，一般株距 16～17 厘米。四川重庆种埂子姜较多。

平畦生姜：一般做 1 米宽的高畦，行距 50 厘米，每畦两行，株距 17～24 厘米。

窝子姜：一般畦宽 115～130 厘米，按株距和行距各 33 厘米挖窝子播种。生长期内分次培土，软化栽培，采收嫩姜。

安徽铜陵生姜采用高畦栽培方式,通常畦宽 2 米左右,顺畦开横沟,沟距 60 厘米,株距 20～24 厘米。福建省有的地区也采用此种种植方式。另据介绍,湖南省新邵县的做法是:整地后做高畦,畦宽 38～45 厘米,每畦种植一行生姜,或做成宽度 45～65 厘米的畦,每畦种姜两行,姜行与畦长平行。一般平地肥土姜田为行距 33～40 厘米,株距 24 厘米,每 667 米^{2}4 500 株左右。坡地瘦土每 667 米^2 种 5 500～6 500 株,单行,行距 33～40 厘米,株距或穴距 20～22 厘米。

因此在中等肥力土壤上种植大姜,每 667 米^2 播种 5 500～6 000株,行距 60～65 厘米,株距 20 厘米;小姜则每 667 米^2 播种 7 000～7 500株,行距 50～55 厘米,株距 18～20 厘米。若大姜的种姜姜块约为 75 克,中等肥力田的用种量为 400 千克左右;而小姜姜块较小,种姜为 60 克左右,每 667 米^2 用种量也约为 400 千克。土壤肥力较高或新发展生姜区,用种量可稍微减少,但不可低于 260 千克。正如农谚所说的"生姜够本"一样,种姜不蚀本,还可回收出售,因此,种姜的消耗性投入并不高,生产上只要条件具备,都应该尽量使用适当大些的姜块作为种姜,以利于丰产,提高经济效益。

脱毒一代种姜由于姜块较小,姜块上芽头较多,种植过程中分枝较多,而且一代种姜一般较少,为了扩大种植面积,尽可能提高二代种姜的生产量,生产上一般采用 25～30 克的姜块作为种姜种植。生长过程中一代种姜的展开度比二代以上种姜的展开度小,因此可以适当密植,以充分利用地力资源,每 667 米^2 可播种 7 000～8 000株,用种量在 200 千克左右,且应在相对独立的地块种植,实施更加精细的田间管理。

(五)田间管理

1. 破膜引苗　生姜出苗前需要提高地温,少浇水或不浇水,如地表干燥时应浇小水，并应在下午进行。

地膜栽培时，在播种后20～30天，姜苗开始陆续出土。待苗与地膜接触时，应及时打孔破膜，引出幼苗。破膜方法：用直径4～6厘米的易拉罐剪平口，口朝下扣在姜芽上，按下在膜上打孔，孔周围用土压实，以防灌风揭膜。以后随着生姜侧枝的发生，增大放苗孔，以防高温烧伤生姜叶。露地栽培因未覆膜，所以不需要破膜引苗，但播种时间稍晚，生姜的生长期有所缩短，产量低于地膜栽培。

从播种到揭膜，如果天气持续干旱，可于4月下旬在沟内适当浇水。当姜苗高1.5～2厘米，气温在20℃以上时，可揭掉地膜，时间约在5月上中旬。揭膜时，不能立即浇水，防止地温突然下降不利发根。5～10天后，若天气持续干旱，可造当浇水。

2. 遮阴　生姜为耐阴植物，不耐强光，因此无论南方或北方生姜区栽培均应进行遮阴处理。而且生姜幼苗期正处初夏季节，天气炎热，阳光强烈，空气干燥，如无遮阴措施，则姜苗矮小，植株生长不良，最终导致产量下降。

姜田适当遮阴具有多种优点，如减弱光照强度，避免强光直射，减轻强光对姜苗生长的抑制作用；改善田间小气候，降低姜田气温、地温；提高叶绿素含量，增加光合作用效率；促进生姜健壮生长，提高根茎产量；促进生姜根系的扩展和提高根系活力。因此，地膜栽培或是陆地栽培的姜田，在姜苗出土后都应及时遮阴。

姜田遮阴方法较多，且南方生姜区和北方生姜区的遮阴方法各不相同。

北方传统的遮阴方式是“插姜草”或称“插影草”，即用谷草插成稀疏的花篱为姜苗遮阴，具体方法是：种姜播种后，趁土壤潮湿松软时，在生姜沟的南侧插上谷草，每3～4根谷草为一束，按10～15厘米的距离交互斜插土中，并编成花篱，高70～80厘米，稍稍向北倾斜10°～12°，使生姜沟沟面呈花荫状态。每667米^{2}用谷草400千克左右。如为南北向沟，应将谷草插在生姜沟的西面。这种遮阴方式最大不足之处是遮阴不均匀，7～8月份中午最热的时候，遮阴面积却最小，遮光率远远不够，而且谷草会增加姜田病虫基数，加重病虫害发生，不推荐使用。

南方多搭棚遮阴，称“搭姜棚”。如安徽铜陵生姜区，于姜苗高15～18厘米时，用木棍或竹竿支架。架高1.6～1.7米，架上铺盖茅草、麦秸或油菜秆，然后用绳固定，铺草不可过稀或过密。据铜陵农委经验，以生姜棚下保持三分阳七分阴的状态为好。浙江省临平生姜区多搭矮棚遮阴，即苗高14～16厘米时开始搭棚，棚高1米左右，在每回畦上搭2行竹竿，在2行竹竿上再绑横杆搭起棚架，然后用蒿秆稀疏地盖在姜棚上以遮阳光。

有的地区采用姜、菜或姜、麦间作方式为生姜遮阴。如广东省实行姜、芋间作，即于生姜畦四周栽培芋头，芋头植株高大，可为生姜起遮阴降温作用，9月以后，光照渐弱，温度也逐渐降低，芋头便可收获。湖南有实行姜、瓜间作的，方法是：每两畦搭一棚架，畦边种植苦瓜或丝瓜，待苦瓜或丝瓜甩蔓以后，顺着棚架往棚上爬，为生姜遮阴。湖南新邵、邵阳、邵东各地，在姜田行间或畦沟分种植玉米、向日葵等高种作物遮阴，效果也较好。山东莱芜市及滕州市生姜区采用麦、姜套种方式，即第一年收生姜以后，按50厘米行距种植小麦，第二年立夏前后在小麦行间套种姜，芒种前后收获小麦时，只割下麦穗，留下麦秸为生姜遮阴，这样不但提高了土地利用率，而且减少了购买遮阳网的费用，降低了生产成本，这种栽培方式已在生产上大面积推广应用。

除了上述的传统方法外，姜田还可使用一些新的方法进行遮阴，如黑地膜遮阴和遮阳网遮阴等。

黑地膜遮阴：地膜栽培的生姜在4月底至5月上旬生姜出苗前，在原来的透明地膜上覆盖一层黑色地膜，即可起到遮阴作用。露地栽培的生姜播种后即可覆双层黑色地膜，黑膜要求黑度

5%～6 %，且均匀。用黑膜后可防止白膜结露、姜苗被烫伤及杂草滋生，同时用黑膜比用其他遮阳物省时省工，降低虫口密度，还可增产10%左右。盖黑地膜前后，必须坚持在每天上午10时以前，下午4时以后及时将出土姜芽引出膜外，并用土将洞口封严，防止烧苗。

遮阳网遮阴：在生姜种植前，按蔬菜简易大拱棚的结构打好木桩，中间最高处2米左右，两侧稍矮些。将几幅遮阳网按地宽缝接在一起，以4～5幅为宜。生姜播种后，便把遮阳网固定在木桩上面。这种遮阴措施操作简单，后期姜田内的施肥、喷药、除草、培土等作业也十分方便。而且绑遮阳网的木桩在生姜生长后期可以加扣大拱棚，以适当延长采收时间，提高产量。

采用遮阳网需注意以下几点：①遮阳网材料透光率以40%为宜，过大，遮阴效果差；过小，遮阴过强，易徒长。②遮阳网架设高度应不低于1.5米，以便于网下透风。③由于遮阳网下小气候较好，温湿度适宜，某些病害（如生姜螟）易发生，应注意预防。④撤遮阳网的时间应在9月中下旬，气温25～26℃时为宜。⑤扣大拱棚时间不宜过早，过早易产生高温，过迟易受霜冻。扣棚后中午应注意放风。⑥扣大拱棚之前3～5天应浇一遍水，扣棚后不宜浇水，以防止棚内湿度过大，影响生姜品质。⑦脱毒生姜个体生长较普通生姜旺，为防止群体过大，应适当调整密度，普通姜种栽培密度可为50厘米×20厘米，脱毒姜种栽培密度可为55厘米×25厘米。

无论采用哪种遮阳方法，在生姜的生长后期，地温下降时均需撤出遮阳物。通常北方在立秋以后，长江以南在处暑以后，天气逐渐转凉，光照渐弱，即可拔除生姜草或拆除生姜棚。如遮阳物拆除过晚，容易造成植株徒长，致使产量降低。

3. 浇水的管理　生姜湿润而不耐干旱，但其根系较浅，吸收水分能力较弱，难以利用土壤深层的水分，因此必须合理浇水才能满足生姜生长的需要。但生姜也不耐涝，南方夏季雨季来临时应合理排水，以防止积水造成姜块腐烂。灌水宜于早晨或傍晚进行，忌中午灌溉，以免发病。

(1)发芽期　为保证生姜顺利出苗，播种时必须浇透底水，通常直到出苗达70%左右时，才开始浇第一次水。但也应根据土壤及墒情掌握，如为沙质土壤，保水性差，遇干旱天气，虽然未出苗，但土壤已十分干燥，在这种情况下应酌情灌水。出苗后第一次灌水要适时，不能太早或太晚，太早，土壤会板结，幼芽出土困难，易造成出苗不齐；太晚，姜芽受旱，芽尖容易干枯。

(2)幼苗期　幼苗植株小，生长慢，需水不多，但幼苗期对水分要求十分严格。

北方生姜区正逢春末夏初干旱季节，不可缺水。幼苗前期以浇小水为宜，浇水后趁土壤见干时进行浅锄，松土保墒，有利于提高地温，促进根系发育。幼苗后期，炎夏季节天气干热，土壤蒸发量大，应增加浇水次数，经常保持土壤含水量65%～70%，既防土壤干旱，又可降低地温。夏季应在早晨或傍晚浇水。而且夏季暴雨过后应以浇跑水的方式及时浇井水降温。

南方生姜区在幼苗生长前期，气温较低，雨水较多，影响姜苗根系的生长。为了防止姜田积水和姜苗受涝，应搞好田间清沟排水工作，做到沟沟相通，雨后可及时排水，雨停水干，有利于姜苗生长。而在幼苗生长后期，气温升高，在水源不足的地方，为了保持土壤湿润，减少水分蒸发，常在夏至前后结合中耕培土，用稻草、麦秸、油菜秆、油菜荚壳等覆盖姜行畦面，以防旱保墒。但留种田应尽量使用遮阳网遮盖，以尽量减少病虫害的发生。

总而言之，在整个幼苗生长期内，应注意供水均匀，不可忽干忽湿。若供水不均匀，不仅姜苗生长不良，而且常使发生的新叶扭曲不展，俗称为“绾辫子”，影响姜苗的正常生长。

(3)旺盛生长期　在北方生姜区，立秋以后，生姜进入旺盛生长期，地上部大量发生分枝和新叶，地下部分根茎迅速膨大。此期植株生长快，生长量大，需水较多，为满足旺盛生长期对水分的需要，一般每4～6天浇透水1次，经常保持土壤相对湿度75%～85%，有利于植株器官的迅速形成，收获前5～6天，再浇1次水，以便收获时姜块上可带潮湿泥土，有利于下窖贮藏。

南方生姜区在9月份以后一般秋雨较多，因此，生姜的生长后期切忌渍水。此时为防止姜田积水和姜苗受涝，引起姜块腐烂，应搞好田间清沟排水工作，清沟沥水防渍，为根茎膨大创造适宜条件。

在水源不足的生姜区可实施喷灌，以节约用水。喷灌不仅可以节约用水量，还可提高大田生姜产量。据李作科等试验，微喷灌可少量多次进行，微喷灌灌水定额为189～417米^3/公顷，平均为313.5米^3/公顷；沟灌灌水定额为547.5～651.0米^3/公顷，平均为591米^3/公顷，微喷灌灌水定额为沟灌的53.05%。而在生姜的生长过程中，微喷灌共灌水13次，灌溉定额为4080米^3/公顷；沟灌灌溉8次，灌溉定额为4725米^3/公顷，微喷灌节水率为13.65%。而且微喷灌可提高姜田产量，沟灌产量为62605.5千克/公顷，而微喷灌产量为73893千克/公顷，增产率为18.03%，取得明显的增产效果。

4. *施肥管理* 生姜的根茎在幼苗期吸收氮、磷、钾较少，旺盛生长期对磷的吸收量缓慢增加，对氮、钾的需求量猛增，尤其在旺盛生长期的前期需钾量最多，氮肥次之；在旺盛生长期的中、后期吸氮多于钾，吸收钾多于磷。因此在生产上，根据生姜的需肥规律进行配方施肥，适时追施氮肥有助于增产。

生姜的施肥分为基肥和追肥。基肥分有机肥、饼肥和化肥，一般在播种前使用。有机肥在播种前结合整地撒施，一般每667米^{2}施优质腐熟鸡粪100千克，施后旋耕；饼肥、化肥集中沟施，即在播种前将粉碎的饼肥和化肥集中施入播种沟中，一般每667米^{2}施饼肥 75～100 千克，氮、磷、钾复合肥 50 千克或尿素、过磷酸钙、硫酸钾各 25 千克。

除施足基肥外，一般进行 3 次追肥。

第一次追“壮苗肥”：幼苗期植株生长量小，需肥不多，但幼苗生长期长，为促进幼苗生长健壮，通常在苗高 30 厘米左右，具有 1～2 个分枝时进行第一次追肥。这次追肥以氮肥为主，每 667 米^2 可施硫酸铵或磷酸二铵 20 千克。若播期过早，苗期较长，可随浇水进行 2～3 次施肥，施肥数量同上。

第二次追“转折肥”：在立秋前后，此时是生姜生长的转折时期，也是吸收养分的转折期，自此以后，植株生长加快，并大量积累养分形成产品器官。因此，对肥水需求量增大，为确保生姜高产，于立秋前后结合姜田除草，进行第二次追肥。这次追肥对促进发棵和根茎膨大有着重要作用。这次追肥一般将饼肥或肥效持久的农家肥与速效化肥结合施用。每 667 米^2 用粉碎的饼肥 70～80 千克，腐熟的鸡粪 50 千克，复合肥 50～100 千克或尿素 20 千克、磷酸二铵 30 千克、硫酸钾 50 千克，在姜苗的一侧距植株基部 15 厘米处开一条施肥沟，将肥料撒入沟中，并与土壤混匀，然后覆土封沟、培土，最后浇透水。

第三次追“壮姜肥”：在 9 月上旬，当姜苗具有 6～8 个分枝时，也正是根茎迅速膨大时期，可根据植株长势进行第三次追肥，称“壮姜肥”。对于长势弱或长势一般的姜田及土壤肥力低的姜田，此期可追施速效化肥，尤其是钾肥和氮肥，以保证根茎所需的养分。一般每 667 米^2 施复合肥 25～30 千克或硫酸铵、硫酸钾各 2.5 千克。对土壤肥力高，植株生长旺盛的姜田，则应少施或不施氮肥，防止茎叶徒长而影响养分累积。

锌肥和硼肥通常可作基肥或根外追肥。在缺锌、缺硼姜田作基肥时，一般每 667 米^2 施用 1～2 千克硫酸锌、硼砂 0.5～1 千克，与细土或有机肥均匀混合，播种时施在播种沟内与土混匀：如作追肥和叶面喷施，可用0.05%～0.1%硼砂溶液，每667米^{2}50～70升，分别于幼苗期、发棵期、根茎膨大期喷施3次。

注意：在生姜栽培中，有两种施肥偏向应予以注意。第一，不按需肥规律追肥，施肥时期过于集中，前重后轻，其结果造成前期姜苗徒长，大量养分流失浪费，后期缺肥，植株枯黄早衰，产量降低。第二，偏施氮肥及氮素化肥用量过多，不注意与磷、钾等各种元素的配合，其结果不仅造成氮素养分的流失和浪费，而且使氮、磷、钾比例失调，往往造成植株徒长、抗病力减弱、姜块品质下降等不良后果。

5. 中耕培土　生姜属于块茎作物，其收获的产品主要是块茎，且生姜的块茎生长需要在黑暗湿润的环境下，才能生长良好。中耕培土，既可为生姜的块茎生长创造黑暗湿润环境，保护姜块，又能增加植株抗倒伏能力。生姜生长期间要多次中耕除草和培土。前期每隔10～15天进行1次浅锄，多在雨后进行，保持土壤墒情，防止板结。到株高达40～50厘米时，开始培土，将行间的土培向种植沟。

长江流域及其以南各地夏季多雨，应结合培土将畦沟深挖到30厘米，并把挖出的土壤均匀放置在行间。待初秋天气转凉，拆去荫棚或遮阳草时，结合追肥，再进行1次培土，将原来的种植沟培成垄，垄高10～12厘米、宽20厘米左右。

北方生姜区一般在立秋前后结合大追肥时进行第一次培土，把沟背上的土培在植株基部变成垄。以后结合浇水随时进行培土，逐渐把垄面加宽，创造适于根茎生长的条件。

培土可防止新形成的姜块外露，促成块大、皮薄、肉嫩，是争取优质高产的必要措施。中耕要求“早、勤、浅、细”，保持土松草净，如苗期生长缓慢，每667米^{2}用尿素2～3千克加人粪尿或猪粪水淋蔸。培土工作可结合追肥、除草等同时进行。

6. 中耕除草　生姜幼苗期长且生长缓慢，又处在高温多雨季节，杂草萌生力强，若管理不及时，极易造成草荒，以致大量的杂草与姜苗争肥、争水、争阳光，使姜苗得不到正常的营养而生长不良，造成减产。所以在幼苗期，及时除草是一项重要管理措施，但人工拔草，劳动强度大且费工较多，近年来用化学除草剂消灭杂草，已越来越广泛地应用于生产。化学除草效果好，简便易行，既可减轻劳动强度，又可节约用工，还可保持田园清洁，减轻病虫害的发生。

注意：在生姜的整个生长期最多使用 2 次除草剂，而且除草剂的使用时间应该严格控制，一般在覆膜后使用 1 次，播种后 30 天左右，姜苗尚未长成时再使用一次即可基本清除姜田杂草。在生姜植株已长成的情况下，只能采用人工的方法来防除。如果一定要使用化学药剂除草，采用草甘膦等定向喷雾防除生姜周边的杂草，虽有一定效果，但极易伤害生姜植株(一定要用防护罩，以免药液溅到生姜叶上)，同时要反复施草甘膦多次才有效，所以一般不提倡生姜长成后采用化学药剂除草。

目前姜田普遍推广使用除草醚杀草，主要采用与覆膜前喷施除草剂的方法相同，主要为喷雾法或毒土法进行土壤处理。喷雾法杀草效果一般可达 85%以上，虽然对姜苗安全无害，但喷雾中也应尽量避免喷到生姜叶。毒土法一般在种姜播种后施药。

除草醚对姜田中各种一年生杂草均有杀伤作用。施药后 5 天之内，对杂草杀伤力最强，5 天之后，杀草力逐渐下降，药效一般可维持 30～40 天。为了保持姜田清洁，可在第一次施药后，每隔 35 天左右，按上述方法施除草醚 1 次，这样可基本上控制幼苗期杂草的大量发生。生姜进入旺盛生长期以后，植株已经封垄，杂草发生逐渐减少。

除了除草醚以外，氟乐灵和胺草膦等除草剂，也适于姜田除草。其中，以甲草胺杀草效果最好，对姜苗安全，药效也较为持久，施药后 35 天调查，防效仍达 95%以上。氟乐灵和胺草膦杀草效果也比较好，于播后苗前施用对姜苗无害。

(六)秋延迟栽培技术

传统栽培的生姜一般在初霜前采收,但北方的初霜来临较早,受到气候条件的影响,生姜的增产潜力得不到充分发挥。因此,若在生姜生长的后期,通过人工条件创造一个适宜的温度条件,可促使生姜持续生长,延长生姜的生长期,从而大幅度的提高生姜的产量。

1.选择长势健壮的生姜地块　要提高生姜棚室秋延迟栽培效果,必须选择长势健壮的地块,加强田间管理。种姜时,要选择沙质壤土、无姜瘟病菌的地块,每 667 米^2 施优质圈肥 1000～2000 千克、过磷酸钙 100 千克、硫酸钾 50～80 千克作基肥;出苗后,及时浇好提苗水,以利苗全苗壮;中期要严防田间积水,及时用 1000 倍多菌灵配合 2000 倍农用链霉素灌墩,预防腐烂病,适时追肥,保证其健壮生长;后期注重肥水管理,在 9 月中下旬浇一次大水,结合浇大水叶面喷一遍 1000 倍太得肥或 1000 倍金满利等高效液肥,10 月上旬覆盖前,再浇一次小水,进行一次根外追肥,并结合根外追肥喷洒 600～800 倍的百菌清或 600 倍甲基硫菌灵,预防生姜炭疽病和叶斑病。

2.适期覆盖　可采用大棚或日光温室进行覆盖,棚膜选用聚乙烯长寿无滴膜。经试验,秋延迟生姜的适宜覆盖时间应在露地生姜停止生长前 10～15 天进行。

3.加强覆盖后的管理　覆盖前期外界气温偏高,光照好,应于每天上午 10 时至下午 2 时放风降温,白天保持棚温 20～25 ℃,并通过放风减轻大棚湿度,避免病害发生。如发现干旱,应及时浇小水。结合浇水,适当进行根外追肥。后期棚内气温降低,要减少放风量,尽量不浇水或少浇水,白天温度尽量保持 20～25 ℃,夜间不低于 12 ℃。进入 11 月上中旬,外界气温大幅度下降,夜间要覆盖草苫保温,防止冻害发生。

4. 适时收获，搞好贮藏　11月中旬以后，要根据气候变化，适时进行收获，收获要边收边存，尽量减少运输时间。如距离过长，运输途中要加盖防寒物，以免收贮过程中受冻。贮藏时要剔除有病虫的姜块，留好种姜，分级沙埋，以利翌年种植和出售。

(七)采　收

随着天气逐渐转冷，气温日趋下降，生姜地上部分茎叶的养分逐渐枯竭，生姜叶开始萎缩，茎秆变得枯黄，此时地下茎已充分膨大、粗壮、出现光泽，必须及时采收。采用秋延迟技术栽培时，可适当延长采收期。

1. 适宜收获期　确定适宜的采收期需要考虑的因素：①当年、当地气候变化特点。若气温下降过快，宜早采收；反之可晚些采收。②生姜本身生长的状况。长势好的生姜根茎已充分膨大，宜早采收；长势弱又迟发的生姜根茎不能充分膨大，需延长一段生长期，延迟采收。③生姜的用途不同(用作嫩姜、鲜姜或种姜)，采收时期也不同。一般生姜收获在华北地区为10月中下旬，长江流域在10月下旬至11月上旬之间。收获时还应注意选晴天进行，早晨露水太大不宜采收。

2. 收获种姜　种姜可以作为产品回收。收取种姜的作用，一是回收种姜，降低成本；二是在掏取种姜时，要细心慎重，务必翻松土壤，使土壤通气良好，促进地下茎迅速膨大，特别要使须根向四周伸展，以利于吸收土壤养分。种姜下地以后，在适宜的土壤条件中并不会腐烂，也不会变质，生姜色、生姜质都完全无损，极少有感病和干瘪疮痂的。经过栽培以后，总体重量不仅没有减轻而且略有增加，鲜重可增加6.7%，干重增加8.0%。主要原因是种姜供给幼苗养分的同时，地上茎叶制造的物质也有少部分回流到种姜上。种姜可以与鲜姜在收获时一起收获，也可以提前在连续出苗后期收获，北方称之为扒老姜，南方叫偷娘姜。此法一般在生姜长到5～6片真叶，姜苗长势旺时松土取种姜，选晴朗天气，用窄形铲刀或箭头形竹片，在姜株北侧将表土松开，露出姜块，用手指按住姜苗基部，勿使基部受振动。在种姜与新姜相连处轻轻折断，随后取出种姜。

注意：收种姜必须选晴天，最好取种姜后3天不下雨，以防受伤部位感病。当土壤湿度太大时不宜收种姜，一是地湿，操作不便，且易踏实土壤；二是取出的种姜还需适当晒干，增加工作量；三是土湿，姜株侧根容易被拔起，对植株生长不利。取出种姜后要及时封沟，取时不能振动姜苗，并防止伤根。但对于弱苗及长势不旺盛的植株，不取种姜更有利于植株生长。而且取种姜一定要在培土盖草前进行，如果在培土后取种姜，必定动土伤根，对生长不利。发病地区最好在收鲜姜时一起收种姜。

3. 收获嫩姜　嫩姜要在姜株旺盛生长期采收，这时姜块组织柔嫩，纤维含量少，辛辣味较淡，适宜腌渍或糖渍，不过收获嫩姜的产量较低。北方地区一般不采收嫩姜，但近几年由于加工的需要也开始收嫩姜。南方地区多在立秋前后采收，在根茎旺盛生长期，趁姜块鲜嫩时提前收获，主要用于腌渍、酱渍或加工成糖姜片、醋酸盐水姜芽等多种食品。

4. 收获鲜姜　收鲜姜一般在霜降到来之前，地上部茎叶尚未冻枯，根茎充分膨大老熟时进行。这时采收的姜块产量高，辣味重，且耐贮运，作为调味或加工干姜片品质好。收获应选晴朗天气。一般在收获前3～4天先浇一水，使土壤湿润，便于收刨。若土质疏松，可抓住茎叶整株拔出或用镢整株刨出，轻轻抖掉根茎上的泥土，然后自茎秆基部(保留2～3厘米地上茎)将茎秆折去或削去。摘除根，随即把根茎入窖，不需晾晒。

(八)留种田的栽培管理

在生姜的良种留种过程中，如果选择标准执行不严格或操作不规范，往往影响繁育种子的质量，甚至使繁育的种子因达不到质量要求而废弃，给翌年的生产造成严重影响。

1. 存在问题　目前在生姜的留种过程中主要存在以下两个问题：

一是选种不严格。有的姜农在留种过程中，留种的田块和留种的方法带有很大的随意性。在选种过程中，仅仅是剔除病坏生姜，不注意严格选择，将混杂、劣变的植株淘汰掉，任其留种，这必然导致品种的退化。或者虽然进行了选择，但所定的标准不当而未发挥选择的作用。不注意淘汰病株，任其留种，从而导致种姜带病。

二是栽培技术不到位。自然条件和栽培技术适宜与否对种姜质量有重要影响。有的姜农对此缺乏认识，生产中没有针对留种采取一些必要的栽培管理措施，长期下去甚至能导致品种某些种性的改变。

2. 应对措施

(1)执行两级繁育　严格执行两级繁育制度，规范操作程序和技术措施，以保证原种及生产用种较高的质量。

(2)选择优良品种作为留种品种　生姜地方品种较多，其中有代表性的优良品种有莱芜大姜、莱芜片姜、蓝山大白姜、广西大白姜、凤头生姜、广州肉姜、红爪姜、余杭黄爪姜、兴园姜、铜陵白肉姜、长沙红爪姜、河南绵阳生姜等。这些优良品种的脱毒姜苗均可作为留种株使用。

(3)留种田选地　脱毒生姜是采用地方生姜优良品种经过生物技术方法去除病毒，从而大幅度提高生姜的产量及质量，具有增产优质的效果，一般脱病毒的增产效果能够保持3～5年，但经多年种植，移栽大田后仍会再次感染病毒，因此，作为留种田的地块应该与普通种姜栽培的地块有所区别。脱毒生姜的第一代和第二代种姜较少，也较为珍贵，姜块收获后要全部作为姜种使用，因此，脱毒生姜一代和二代种姜应按留种田的标准进行栽培，栽培田块需要严格选择，并进行严格消毒处理。

留种田应选择具有能延缓姜种性退化的适宜的小气候条件，并且能满足生姜正常生长的地块。具体标准如下：①靠近山边，海拔较高，地势高燥，夏季凉爽，不利于各种病虫害的发生和传播；②五六年以上未种姜或从未种过生姜；③土层深厚，有机质丰富，土壤不积水，通透性好，保水保肥，肥沃壤土；④排灌方便，且上游田块未种姜，近五年未发生过姜瘟病。

(4)加强田间管理　采用地膜覆盖、温室等方式适时早播，以保证留种田姜株具有充足的生长期，使种姜充分成熟。注意田间水肥管理和病虫害防治，确保姜株旺盛生长。适时遮阴，为姜株生长创造适宜环境。适时采收，在早霜来临前采收，防治姜株受冻。留种株要做到单收单贮，严防与商品生姜混淆，贮藏采用地下窖藏。入窖后保持 15～20℃、空气相对湿度 60%为宜，勤加检查，天气骤冷时需及时加盖保温材料，湖南等地一般 12 月上旬封窖。

(5)采用主茎和 1 级分枝姜块选种方法　传统栽培，姜农常采用以生姜蔸为单位，主茎和 1、2、3 级分枝姜块混合作种的方法，即使是优良品种的优良单株作种，也易引起种性退化，表现为萌芽能力下降，出苗期推迟，易感病，产量和品质下降，这是因为生姜蔸的主茎及 1、2、3 级分枝姜块其后代性状表现是不同的，产量也有所差异。以莱芜生姜为例：株高，主茎和 1 级分枝姜块作种株高为 86 厘米，而 2 级和 3 级分枝作种的都是 82 厘米；地上部茎粗，主茎和 1 级分枝姜块作种的为 1.0 厘米，而 2 级和 3 级分枝姜块作种的仅为 0.9 厘米；分枝数(姜块)，主茎和 1 级分枝姜块作种的分别达 14 个和 13 个，而 2 级和 3 级分枝姜块作种的姜块分枝数仅分别为 10 个和 9 个；姜瘟病的发病株率，主茎和 1 级分枝姜块作种的分别为 2.24%和 3.89%，而 2 级分枝和 3 级分枝姜块作种的分别为 8.74%和 9.46%；每 667 米^2 产量，主茎和 1 级分枝姜块作种的分别为3251.6千克和3224.0千克,2级和3级分枝姜块作种的分别为2779.2千克和2723.6千克,前者增产19%左右。因此,要选择优良单株中主茎和1级分枝姜块作种,2级和3级分枝姜块作为商品生姜上市,这样,既不增加成本,又可达到显著增产增收的目的。

(6)分级选种技术　各级姜种都要经过严格的选择过程,不断去杂去劣,才能保证质量。

①片选。生长中期选株丛大,全片生长旺盛,植株整齐,生长势强,叶色浓绿、肥厚、无萎蔫、无蜷缩的片区,进行去杂去劣。

②株选。生长后期在选定的片区,按要求复选,选择优良单株,淘汰杂株劣株。

③块选。优选的单株采收时,进行姜块选择。选姜块肥大,单块重500克以上,符合品种典型性状,且表皮光滑、色泽鲜艳、有光泽、组织细密、无病虫斑、无损伤、无沙屁股的姜块留种。

④芽选。翌年播种前,分割姜种时,选择顶芽的基部粗壮、芽头钝圆,如花生米状、豌豆粒大小的"花生芽"的姜块。抹除侧芽,淘汰干裂及有黑斑、虫斑、损伤和过长月牙状的芽。

第六章　生姜病虫害防治

脱毒生姜由于去除了体内病毒，所以生长健壮，抗病虫能力大大提高，较少感染病虫害。但是自然界中病虫害广泛存在，也应采取一定措施。一般防治原则是以防为主，综合防治。优先采用农业防治、物理防治、生物防治，配合科学合理的化学防治，达到生产安全优质无公害生姜的目的。不使用国家禁止的高毒、高残留、高生物富集性、高"三致"农药及其混配农药。根据当地植保部门病虫害的测报信息，本着"治准、治早、治小"的目的，发现病株，实行挑治，早期用药，一药多治，减少农药的使用量。

一、病害防治

(一)姜　瘟

姜瘟是生姜生产上的一种毁灭性病害，又称"青枯病"，产生姜地区均有发生，严重时姜株成片死亡。其属于细菌性病害，由青枯假单孢杆菌引起。

【症状识别】　本病主要危害地下根茎和根部。发病初期，植株地上部分叶片变橘黄色、萎蔫、反卷，叶片变黄部分和嫩绿部分的界限不明显；发病严重的地上部萎蔫并青枯。病害由茎基部逐渐向上发展，茎基部和地下根茎变软，呈淡褐色水渍状。纵部茎基部及茎块可见维管束变褐，用手挤压有污白色细菌脓从维管束部分溢出。随着病害发展，病株的根茎、茎的髓部和皮层也感染而变色，最后根茎基部和茎基部变褐、腐烂，腐烂组织有恶臭味。病株发展到后期，地上部萎蔫和枯死，且易从腐烂的茎基部折断而倒伏。

【发病规律】 青枯假单孢杆菌可在种姜、土壤及含病残株的肥料上越冬，通过病生姜、土壤及肥料进行传播，成为翌年初侵染的来源。病菌多从近地表处的伤口及植株孔口侵入根茎，或由地上茎、叶向下侵染根茎，病生姜流出的菌液可借助水流传播。流行期长，危害严重。一般7月份始发，8～9月为发病盛期，10月份停止发生。高温高湿是导致病害流行的主要因素。一般旬均温度达20 ℃左右时，病害开始流行；当气温在25～28 ℃左右，具有充足的水量，形成高温高湿或田间积水时，病害就迅速发展蔓延。尤以雨后及浇水使姜田积水，又遇烈日猛晒时，姜瘟发生迅速。此外，姜苗出土前灌水方式不合适，特别是大水漫灌，对病害有一定的诱发作用。日平均气温在25 ℃以上时，潜育期一般在5～7天，最短3天；15～21 ℃时，潜育期为41天；15 ℃以下则很少发病。高温高湿、时晴时雨的天气，特别是土温变化激烈，有利于本病的发生流行。降雨量的多少和降雨期的早晚与本病的发病率也有关系。9～10月份，如果在10～12天内，降雨量达到100毫米时，田间即可出现病株。大雨过后5～7天，田间即可出现一次发病高峰。植地连作、低洼、土质黏重、无覆盖物、偏施氮肥的发病重，中心病株发病早，病菌再次侵染的次数多。

【防治方法】 在7～9月姜瘟流行、扩散的时候，是难以控制其蔓延的。因此，必须采取以农业防治为基础的综合防治措施，尽量创造不利于病害发生的环境条件。

(1)选用抗病品种 选用脱毒姜种或抗病能力较强的品质，如安丘大姜、片姜等品种抗病性较强，而无丝生姜、面生姜等品种抗病性能较差。

(2)选用无病姜种 建立无病留种田和选留无病姜种，在生姜窖内单放单贮，下种前应对姜种逐块进行鉴定和选择。凡是水渍状、表皮易脱落或者掰开姜块见黑褐色圈纹，以及用手挤压有白色液汁溢出者，都是带病姜块，不能下种。

(3)消毒处理姜种及姜田土　姜种下种前，可用12.5%松脂酸铜300倍液或硫酸链霉素7000倍液浸种半小时后捞起堆放催芽。

(4)轮作换茬　选择地势高、排水良好的地块，深翻后施有机钙肥100～150千克，起高垄，增施磷、钾肥，实行2～3年以上轮作，避免与茄科作物连作或套种。

(5)加强田间管理　重视姜田排水，严格控制灌水，提倡喷灌。人工浇灌时，严禁大田浸灌、漫灌，深沟高厢，雨后及时排除积水。重施基肥，轻施、巧施追肥，避免过多施用氮肥，增施磷、钾肥及有机肥，发现中心病株后，立即拔除，连同窝中土壤带出田外处理，并用鲜石灰对附近土壤消毒。

(6)药剂防治　①用硫酸链霉素、新植霉素或卡那霉素500毫克/千克浸种48小时，或40%福尔马林100倍液浸、闷各6小时，或30%氧氯化铜800倍液浸种6小时，姜种切口蘸草木灰后下种。②发病初用菌毒消或姜瘟宁按使用说明对水稀释后淋根，药剂可选用40%代森铵600倍液，或农用链霉素1000～5000倍液，每隔7天喷淋1次，连喷2～3次。在发病初拔除病株，加强田间排水均有一定防效。

(二)生姜枯萎病

生姜枯萎病又称姜块茎腐烂病，由半知菌亚门、镰刀菌属的尖镰孢菌和腐皮镰孢菌引起，属真菌性疾病。

【症状识别】　病株地上部呈枯萎状，地下块茎变褐腐烂。

本病与生姜青枯病外观症状相似，区别在于：生姜青枯病块茎病变多呈水渍状半透明，挤压患部渗出洗米水状乳白色菌脓，镜检可见大量细菌；而生姜枯萎病块茎褐色病变不呈水渍状半透明，挤压患部渗出清液，不呈乳白色混浊液，镜检可见菌丝体或单(双)胞小型孢子或多胞近镰刀状大型孢子。

本病与腐霉菌引致的腐烂病症状也相似，区别在于：枯萎初发病株茎基变色而不变软腐烂，保湿后患部长出带有颜色的霉层；腐霉病株茎基变软呈湿腐至软腐，保湿后患部长白色菌丝体，有的如湿水棉花状。

【发病规律】 两菌均以菌丝体和厚垣孢子随病残体遗落土中越冬。带菌的肥料、姜种块和病土成为翌年初侵染源。病部产生的分生孢子，借雨水溅射传播，进行传染。植地连作、低洼排水不良或土质过于黏重，或施用未充分腐熟土杂肥的地块易发病。

【防治方法】 ①注意寻找抗病品种。②精选种姜，剔除可疑姜块。③在常发病的地区播前可用高锰酸钾600倍液，或50%多菌灵800倍液浸姜种4小时消毒。④加强肥水管理。做好开沟排水，勿使生姜地受涝，雨后及时清沟排渍降湿；适当增施磷、钾肥，适时喷施叶面营养剂，避免施用未充分腐熟的土杂肥。注意田间卫生，及时收集病残株烧掉。⑤及早施药预防。在以本病为主的地区，于齐苗时起，定期或不定期喷淋高锰酸钾600倍液，或40%多菌灵可湿粉1000倍液，或20%络氨铜锌水剂600倍液，或10%双效灵水剂300倍液每隔10～15天1次，连续防治3～5次，前密后疏，交替施用，喷淋结合，喷匀淋足。

(三)生姜斑点病

本病由生姜叶点霉菌引起，属于真菌性病害，病部可见针尖小点，即分生孢子器。

【症状识别】 主要危害叶片，叶斑黄白色，梭形或长圆形，细小，长2～5毫米，斑中部变薄，易破裂或成穿孔。严重时，病斑密布，全叶似星星点点，故又名“白星病”。

【发病规律】 病菌主要以菌丝体和分生孢子器随病残体遗落土中越冬，以分生孢子作为初侵染和再侵染源，借雨水溅射传播蔓延。温暖多湿，株间郁蔽，田间湿度大或植地连作，有利本病发生。

【防治方法】　①避免连作，实行2～3年以上的轮作。②选择排灌方便的地块种植，不要在低洼地种植，注意清沟排渍，做好清洁田园工作。③避免偏施过施氮肥，注意增施磷、钾肥及有机肥。④发病初期喷洒70%甲基硫菌灵可湿性粉剂1000倍液加75%百菌清可湿性粉剂1000倍液，每隔7～10天1次，连续防治2～3次。

(四)生姜炭疽病

本病由半知菌的真菌辣椒刺盘孢引起，属真菌性病害。除危害生姜外，尚可侵染多种姜科或茄科作物。

【症状识别】　可危害叶片、叶鞘和茎。染病叶片多从叶尖或叶缘开始出现近圆形或不规则形湿润状褪绿病斑，可相互连结成不规则形大斑，严重时可使叶片干枯，潮湿时病斑上长出黑色略粗糙的小粒点，严重时可使叶片下垂，但仍保持绿色。

【发病规律】　高温高湿有利于此病的发生。如平均气温26～28℃，空气相对湿度大于95%时，病菌侵入后3天就可以发病。地势低洼、土质黏重、排水不良、种植过密通透性差、施肥不足或施氮肥过多、管理粗放引起表皮伤口，或因叶斑病落叶多、果实受烈日暴晒等情况，都易于诱发此病害。

病菌以菌丝潜伏在姜种内越冬，播种带菌姜种便能引起幼苗发病；病菌还能以菌丝或分生孢子盘随病残体在土壤中越冬，成为下一季发病的初侵染源。越冬后长出的分生孢子通过风雨溅散、昆虫或淋水而传播，条件适宜时分生孢子萌发长出芽管，从寄主表皮的伤口侵入。初侵染发病后又长出大量的分生孢子，传播后可频频进行再侵染。

【防治方法】

(1)减少菌源　彻底清洁田园，勿施用混有病残体堆积而未完全腐熟的土杂肥，深翻晒土，收获时彻底清除病残体，集中烧毁带出田外，均可有效减少初侵染源。

(2)实行轮作　不要与茄科或生姜科的其他作物连作或邻作。

(3)肥水管理　增施农家肥，注意氮、磷、钾配比施肥，以增强植株抗病能力。严禁偏施氮肥，以免植株生长过旺。严禁田间积水，及时做好清沟排渍工作。

(4)药剂防治　用噻菌酮、氧氯化铜喷雾，发病初进行叶面喷施，10～15 天喷 1 次，连喷 2～3 次。或喷施 80%炭疽福美可湿性粉剂 600～750 倍液，70%甲基硫菌灵可湿性粉剂 1000 倍液，每隔 8～10 天喷 1 次，连喷 3～4 次。

(五)生姜叶枯病

本病由子囊菌亚门真菌姜球腔菌引起，属于真菌性病害。

【症状识别】　主要危害叶片，病叶上开始产生黄褐色枯斑，逐渐向整个叶面扩展，病斑表面有黑色小粒点，严重时全叶变褐枯萎。

病原以子囊座或菌丝在病叶上越冬。春天产生子囊孢子，借风雨、昆虫或农事操作传播蔓延。高温、高湿利于发病。连作地、植株长势过密、通风不良，氮肥过量、植株徒长发病重。

【防治方法】　①选用优良品种，做好种姜消毒处理工作。②重病地与禾本科或豆科作物进行 3 年以上轮作。③采用配方施肥技术，提倡施用酵素菌沤制的堆肥或生物有机复合肥。④秋冬要彻底清除病残体，田间发病后及时摘除病叶，集中深埋或烧毁。⑤药剂防治。在发病季节前用 1∶1∶150 波尔多液连续喷雾 2～3 次。发病初期喷施 75%百菌清可湿性粉剂 600～700 倍液，或 65%多果定可湿性粉剂 1500 倍液，或 50%苯菌灵可湿性粉剂 1300～1500 倍液，或 64%噁霜·锰锌可湿性粉剂 500 倍液，每隔 7～10 天喷 1 次，连喷 2～3 次。

（六）生姜立枯病

本病由半真知菌亚门真菌丝核菌引起，属于真菌性病害。

【症状识别】　主要危害幼苗，病初苗茎基部靠地际处褐变，引致立枯。叶片染病，初生椭圆形或不规则形病斑，扩展后常相互融合成云纹状，称为纹枯病。茎秆上染病，湿度大时可见微细的褐色丝状物，即为病原菌菌丝。根状茎染病，局部褐变，但一般不引起根腐。

【发病规律】　病菌菌核遗落土中，或以菌丝体、菌核在杂草或田间其他寄主上越冬。翌年条件适宜时，菌核萌发菌丝进行初侵染，病部产生的菌丝又通过攀援接触进行再侵染，病害得以传播蔓延。高温、高湿天气，或植株过于密集，偏施氮肥等均有利于本病的发生。

【防治方法】　①选择地势高燥、排水良好的地块种植。②施用酵素菌沤制的堆肥或腐熟有机肥。③避免偏施过施氮肥，注意增施磷、钾肥及有机肥。④注意田间管理，及时排涝，降低田间湿度。⑤药剂防治。发病初期喷淋或浇灌 20％甲基立枯磷乳油 1 200 倍液，或 40％拌种双悬乳剂 600 倍液，或 10％立枯灵水悬液 300 倍液，或农抗 120 水剂 200～300 倍液，每隔 2～3 天 1 次，连喷 2～3 次。

（七）生姜线虫病

生姜线虫病俗称“生姜癞皮病”，是生姜产区主要病害，随着大姜连作时间的加长，危害越来越严重，是造成生姜失去食用价值最大的病害。病原主要是南方根结线虫。

【症状识别】　生姜受线虫危害后，轻者症状不明显，重者植株发育不良，叶小，叶色暗绿，茎矮，9 月中旬前后可比正常植株矮 30％～50％，但植株很少死亡，根部受害，产生大小不等的瘤状根结，块茎受害部表面产生瘤状或疙瘩状并出现龟裂，如有病菌侵染常伴有腐烂。

【发病规律】 据调查，土壤含磷量高、施用化肥多、土壤呈酸性，透气松散的沙壤土发病重。

生姜根结线虫活动的适宜温度为20～25 ℃，35 ℃以上停止活动，幼虫在55 ℃温水中10分钟死亡。生姜根结线虫以10～20厘米土层中最多，平均每克土样中有线虫6.75条，最多8.9条；其次为20～30厘米土层，平均每克土样含线虫2.8条；0～10厘米土层中线虫最少，平均每克土样中有线虫2.05条。

【防治方法】 线虫病是一种土传病害，在不使用高毒农药的前提下，目前还没有理想的防治药剂，因此必须采取综合防治措施。

(1)选好姜种 选择无病害、无虫伤、肥大整齐、色泽光亮、生姜肉鲜黄色的姜块做姜种。

(2)合理轮作 与玉米、棉花、小麦进行轮作3～4年，减少土壤中线虫量。

(3)土壤处理 用硫酰氟处理土壤，每667米^{2}30千克，覆膜7天，晾晒7天，然后开沟种姜。

(4)清洁田园，施用有机肥 收获后，将植株病残体带出田外，集中晒干、烧毁或深埋；采取冬前深耕，减少下茬线虫数量。施用充分腐熟的有机肥做基肥，合理施肥，做到少施勤施，增施钾、钙肥，增强植株的抗逆性。

(5)化学防治 每667米^{2}地用3%米乐尔颗粒剂3～5千克，或10%克线磷颗粒剂1.5千克，或5%涕灭威颗粒剂3千克掺细土30千克撒施于种植沟内，用抓钩搂一下，与土壤掺匀，然后下种。

(6)生物防治 用生物农药阿维菌素乳油防治线虫病。操作方法是：每667米^{2}用1.8%阿维菌素乳油450～500毫升拌20～

25千克细沙土，均匀撒施种植沟内，防治效果可达90%以上，持效期60天左右。

二、虫害防治

(一)生姜螟

生姜螟也叫玉米螟，成虫体表黄灰色，幼虫初孵出时为乳白色，老熟幼虫呈淡黄色，是危害生姜的主要害虫。其食性很杂，除了为害生姜外，还为害玉米、高粱、甘蔗等作物。为害时以幼虫咬食嫩茎，钻到茎中继续为害，故又叫钻心虫。生姜螟咬食生姜植株后，造成茎秆空心，水分及养分运输受阻，使得姜苗上部叶片枯黄凋萎，茎秆易于折断。

【发生规律】 生姜螟一般每年发生3～4代，世代重叠，幼虫孵化出2～3天后便侵入姜株叶鞘，被害叶片变成薄膜状，叶面上有残留粪屑，茎叶常被咬食成环痕，幼虫孵化出第四至第六天，多在茎秆中上部蛀食，从而造成茎秆空心，使水分运输受阻，姜株上部枯萎。末代老熟幼虫在野生杂草茎秆上越冬，成虫白天隐伏在作物或杂草中，傍晚开始飞行，夜间交配。

【防治方法】 防治生姜螟，应以防为主，抓"早"字，综合防治。

(1)搞好虫情预报　利用成虫具有趋光的特性，在春末夏初开始，用黑光灯诱集成虫。发现成虫后，选择具有代表性地块，每块面积不少于3334米^2，对角线5点取样，每点30株，每3天调查1次，统计卵块数，并将卵块抹掉。当百株卵块量达到5时，即可进行防治。

(2)农业防治　①种植诱杀作物。大姜钻心虫食性杂，除为害生姜外，还为害玉米、高粱、甘蔗等作物。根据这个特点，可有目的的在姜田周围栽植诱杀作物，待成虫产卵后，可进行药剂防治或拔除沤肥。必须及时处理已产过卵的诱杀作物。②处理越冬寄主，减少虫源基数。大姜收获后，把生姜秸清除干净，带出园外深埋或集中烧毁；在越冬虫化蛹前，因地制宜采用多种方法，处理掉玉米、高粱等秸秆。③加强轮作。

(3)生物防治　赤眼蜂是大姜钻心虫卵期的主要天敌。在成虫产卵初期或初盛期，每667米^{2}放蜂1万头为宜，每3天放1次，防治效果很好。

(4)物理防治　生姜生长周期长，害虫种类多，为害重，可应用电子杀虫灯杀灭成虫，每盏灯能防治33334米^{2}地，大大减少农药的使用量，减少了污染，保持了生态平衡，保护了生态环境。

(5)化学防治　关键时期是卵孵后蚁螟钻蛀前。叶面喷洒80%敌敌畏乳油800倍液，或90%敌百虫乳油800倍液，或50%马拉硫磷乳油1000倍液，或2.5%溴氰菊酯乳油2000～3000倍液，也可以用以上药液注入地上茎的虫口。还可在虫卵孵化高峰期，螟虫尚未钻入心叶蛀食之前，及时用2.5%的溴氰菊酯乳油加水2000倍喷雾。

(二)小地老虎

小地老虎又称“土蚕”，属鳞翅目、夜蛾科。该虫分布广，为害大，成虫深褐色，幼虫灰黑色，是姜苗期主要害虫之一。

【发生规律】　每年发生4～5代(高寒地区2～3代)，以蛹或老熟幼虫在南方越冬，各地均以第一代幼虫为害为主。翌年2月下旬至3月上旬为越冬代成虫羽化阶段，成虫羽化后由南向北迁移，3月中旬至4月上旬为越冬代成虫迁移盛期。成虫迁移过程中需要取食花蜜补充营养，交配后第二天即可产卵，单雌平均产卵量800～1000粒。卵产在旋花科、藜科杂草的叶背面。卵孵化后第一代幼虫先在杂草上取食，然后转移到大姜幼苗的心叶处取食叶肉，形成针孔状或缺刻；高龄幼虫可咬断幼苗茎基部，造成缺苗断垄。5月上旬至5月中旬为第一代幼虫为害时期，5月中旬后开始化蛹，5月下旬至6月上旬为第一代成虫羽化阶段，最后一代成虫一般在10月中旬发生。成虫昼伏夜出，在土块及杂草间潜藏，具较强的趋光和趋化性。幼虫共6龄，1～3龄昼伏夜出，取食杂草或大姜叶片或嫩梢，4龄后潜入土中，夜间活动，咬食大姜幼芽或将幼苗拖入土中；5～6龄为暴食阶段，此时的为害量约占总量的95%。

【防治方法】

(1)农业防治　清除田边杂草，以防止小地老虎产卵。在播种前，可用小地老虎爱吃的苦荬菜、白茅、苜蓿等堆放田边，诱杀小地老虎。

(2)物理防治　在田间安装频振式杀虫灯(每盏灯控制面积为20000米^2)，或放置装有糖醋诱杀剂(诱剂配法：糖3份、醋4份、水2份、酒1份，并按总量加入0.2%的90%晶体敌百虫)的盆诱杀小地老虎成虫。也可根据小地老虎幼虫3龄前不入土的习性，清晨在断株或叶片上有小孔或缺刻的植株处进行人工捕杀。

(3)化学防治　幼虫3龄前，可用2.5%溴氰菊酯乳油2000倍液，或20%氰戊菊酯乳油1500倍液，或2.5%高效氯氟氰菊酯乳油2000倍液喷施大姜植株下部。还可用48%毒死蜱乳油配成1∶50的毒土，每667米^{2}施毒土4～5千克，或3千克麸皮炒熟后拌入90%的晶体敌百虫100克，于傍晚时分撒于大姜地行间进行诱杀。在虫龄较大的地块，可用50%辛硫磷乳油1000倍液，或48%毒死蜱乳油1000～1500倍液灌根。

(三)黄蓟马

黄蓟马又叫瓜蓟马、瓜亮蓟马等，属缨翅目、蓟马科。其主要为害叶片，使叶片发黄卷曲，严重的形成“转心”。除为害生姜外，还为害多种蔬菜(包括茄科，葫芦科、豆科等)、棉花、大豆、玉米、甘薯等15余种作物。由于黄蓟马为害猖獗，防治困难，是近年来姜田突发的一种毁灭性虫害。

成虫和若虫锉吸大姜的心叶、嫩梢、嫩叶的汁液，被害嫩叶变硬缩小，植株生长缓慢，嫩芽和嫩叶卷缩，心叶不能正常张开，出现畸形。

【发生规律】 黄蓟马以成虫潜伏在土块、土缝下或枯枝落叶越冬，少数以若虫越冬。每年4月开始活动，5～9月份是为害高峰期，以夏初最为严重。初羽化的成虫具有向上、喜嫩绿的习性，且特别活跃，能飞善跳，行动敏捷，以后畏强光隐藏，白天阳光充足时，多隐蔽于叶腋或幼叶卷中取食，少数在叶背危害；雌成虫有孤雌生殖能力，卵散产于植物叶肉组织内。

温湿度对黄蓟马生长发育有显著影响，其发育最适宜温度范围为25～35 ℃。暖冬现象可为其安全越冬和大发生提供适宜条件。另外，导致黄蓟马暴发成灾的条件还有干旱、少雨天气。

【防治方法】

(1)农业防治 早春清除田间杂草和残株、落叶，集中烧毁或深埋，消灭越冬成虫或若虫。栽培过程中勤浇水，勤除草，可减轻为害。

(2)物理防治 蓟马成虫有趋向蓝光的习性，可在姜田放置蓝色粘板，将蓟马粘在粘板上，以减轻其为害。

(3)化学防治 可用50%敌敌畏乳油或40%乐果乳油1000倍液喷雾。

(四)甜菜夜蛾

甜菜夜蛾属鳞翅目、夜蛾科、灰翅夜蛾属，是一种世界性分布的多食性害虫。从总体上来说，20世纪80年代以前该虫在我国尚属偶发性害虫，仅被列为兼治对象；20世纪80年代中后期以来逐渐成为一些农作物，特别是多种蔬菜的重要害虫。该虫幼虫取食范围广，抗性强，极难防治。近几年，在我国姜种植区普遍发现了甜菜夜蛾，且越来越严重，不仅极大地影响到生姜的产量，而且还引起品质降低，给我国的生姜生产造成极为严重的损失。

【发生规律】　甜菜夜蛾的形态可分为成虫、卵、幼虫、蛹 4 个阶段。成虫为灰褐色。卵为白色、半球形，并附有一层灰色鳞毛。幼虫的体色变化较大，一般以绿色至褐色为主，甘蓝夜蛾的幼虫易与之混淆，但甘蓝叶蛾幼虫的黄白色气门下线弯到臀足上，依此可以加以区分。甜菜夜蛾蛹腹末有臀刺 2 根，呈叉状，长约 10 毫米。其幼虫对生姜的为害性最强。幼虫一般分为 5 龄，1～2 龄幼虫群集在叶背处吐丝结网，啃食叶肉，残留表皮；3 龄后分散为害；4 龄后食量大增，4～5 龄是为害暴食期，取食量占全幼虫期的 80%～90%。成虫昼伏夜出，白天潜伏在土缝、杂草丛及植物茎叶的浓荫处，傍晚才开始活动。发生甜菜夜蛾的生姜区，姜块普遍变小，表皮皱缩，色泽发暗，纤维增多，生姜的品质受严重地影响。

甜菜夜蛾源于南亚地区，喜高温，主要为害时期多集中在高温期。在热带及部分亚热带地区全年均可繁殖，如我国的台湾、广东等地一年四季均可发生为害，无越冬现象。卵多产在生姜叶的背面或叶柄部位，一般为平铺一层，有时也为多层重叠。

【防治方法】

(1)农业防治　晚秋、初冬对土壤进行翻耕，并及时清除土壤中的残枝落叶，以消灭部分越冬蛹，这样可以减少翌年的发生量。夏季结合农事操作，进行中耕或灌溉，摘除卵块或幼虫。合理进行轮作换茬，通过换茬轮作不仅可以对甜菜夜蛾的转移活动起到极大的抑制作用，还可以有效地减轻生姜各种病害的发生，特别是姜瘟病的发生。

(2)诱杀防治　甜菜夜蛾的成虫具有趋光、趋化性等特点，并喜欢在一些开花的蜜源植物上活动、取食、产卵。依此可以对其进行诱杀防治。目前常用的有效防治措施主要有灯光诱杀、性诱剂诱杀等。灯光诱杀通常采用20瓦黑光灯。

(3)生物防治 ①综合运用各种措施保护、增殖、利用天敌。甜菜夜蛾的天敌种类繁多,资源丰富。据统计,现已查明的寄生性与捕食性天敌有100多种,其中优势种为缘腹绒茧蜂,其寄生率占绝大部分,尤其是2～3龄幼虫期。②生物农药防治。生物农药不污染环境、长效,而且对自然天敌无毒害作用,如能合理地配合化学杀虫剂施用,效果会更好。目前较为常用的为t制剂。

(4)化学防治 80%敌敌畏乳油1000～1500倍液与20%氯氟氰菊酯乳油3000倍液混用,或50%辛硫磷乳油1000倍液与90%晶体敌百虫1500倍液混用,或80%敌敌畏乳油1000～1500倍液与t生物杀虫剂300～500倍液混用,或80%敌敌畏乳油1500倍液、50%倍硫磷乳油2000倍液、50%西维因可湿性粉剂800～1000倍液单独喷施,效果均较好。

(五)异形眼蕈蚊

异形眼蕈蚊是生姜贮藏期内的主要害虫,幼虫俗称生姜蛆,该虫主要以幼虫为害。姜块以顶端幼嫩部分(俗称生姜奶头)受害为主,受害后常引起生姜腐烂,对生姜的产量和品质造成极大的影响。

【发生规律】 异形眼蕈蚊有趋湿性和隐蔽性。初孵幼虫一般蛀入生姜皮下或“圆头”处取食,用丝网粘连虫粪和生姜根茎碎屑覆盖受害处,幼虫藏身其中。贮藏生姜受害处仅剩表皮、粗纤维和粒状虫粪;种姜受害后表皮色暗,肉呈灰褐色,剥去受害部位表皮,可见若干白线头状幼虫蠕动,有的种姜已经腐烂。

异形眼蕈蚊成虫为灰褐色,雄虫有一对前翅,雌虫无翅。卵呈椭圆形。幼虫呈圆筒形,体长4～5毫米,头部黑色,胴部乳白色,幼虫活泼,身体不停地蠕动。裸蛹,羽化前为灰褐色。

异形眼蕈蚊对环境条件要求不严格,在4～35℃范围内均可存活，喜湿，因而生姜窖内可周年发生，在较高的温度条件下活动旺盛。

【防治方法】

(1)清理生姜窖，做好药物处理　生姜入窖前几天，要将原生姜窖内的旧生姜、碎屑、铺垫物等所有东西全部清理出来，打扫干净，铺上5厘米厚的细沙，用气雾杀虫剂和百菌清、多菌灵等杀菌剂将生姜窖均匀喷一遍。如果生姜窖内有上年的陈生姜，也要用杀虫剂均匀喷施一遍，但尽量避免新、陈生姜相接触，造成交叉感染。

(2)药剂处理入窖新姜　①选用高效、低毒、低残留的新型生物制剂阿维菌素类农药，如虫螨克、灭虫灵等杀虫剂对水喷洒生姜，随下生姜随喷洒。②3%辛硫磷颗粒剂，按每1000千克生姜用药1千克的比例用药。③用阿维菌素类粉剂，每1000千克生姜用药0.5千克，混细沙(土)撒施，随放生姜随撒施，最后在上面均匀撒一层。

(3)药剂熏蒸　将敌敌畏原液盛于数个开口小瓶中，放置于生姜窖内，一般每窖一次放药液250毫升左右，以后不断添加新药液。

第七章　生姜贮藏与加工

一、生姜贮藏

贮藏的生姜应收获充分生长的根茎，不能在地里受霜冻，因生姜不耐低温，10 ℃以下会受冷害，受了冷害的姜块会迅速皱缩并从表皮向外渗水，尤其是升温后很快腐烂。一般都随收随下窖贮藏，不能在田间过夜。最好不在晴天收获，以免日晒过度，雨天或雨后收获也不耐贮藏。用于贮藏的生姜应经过严格挑选，剔除受冻、受伤、小块、干瘪、有病和受雨淋的姜块，挑选大小整齐、质量好、无病害的健壮姜块进行贮藏。贮藏过程中，姜块脱皮、皱缩变软、表皮发紫和发芽都将导致品质下降。采收时姜块表皮的损伤也会引起腐烂，因此采后需要在高温下完成愈伤过程。

(一)贮藏方法

1. 窖藏　可因地制宜，利用土窖、防空洞或地下室等场所贮藏生姜，也可在山区丘陵地方建窑窖贮生姜。

(1)堆藏　见图 7-1。将生姜散堆在库内，用草包或草帘遮盖好，以防受冻。堆藏库不宜过大，一般每库以散堆 10 吨左右为宜。生姜堆高 2 米左右，堆内均匀地放入若干个用秸秆扎成的通气筒，以利通气。堆藏时，墙四角不要留空隙，中间可稍松些。前期库温一般控制在 18～20 ℃之间。当气温下降时，增加覆盖物保温；当气温过高时，减少覆盖物，以散热降温。

(2)沙藏　按 1 层沙 1～2 层生姜，码成 1 米高、1.5 米宽的长方形垛，每垛 1200～2500 千克，垛中间立一个用细竹竿捆成的直

图 7-1　生姜的堆藏

径约 10 厘米的通风筒，并放入温度计，可随时测量垛温。垛的四周用湿沙密封，掩好窖门，门上留气孔。愈伤期温度可上升到 25～30℃，经过 6～7 周，垛内温度逐渐下降到 15 ℃，姜块完全愈伤，生姜皮颜色变黄，散发出香气和辛辣味。此时生姜不再怕风，可开窗通风，天冷时关闭。以后贮藏温度维持在 12～15℃。立春后如窖内空气相对湿度低于 90%，可在垛顶表面洒水。若有出芽现象，说明贮温过高，可通风降温；若生姜垛下陷并有异味，则需检查有无腐烂。

（3）设置生姜床　利用背风朝阳的南山坡，挖一条伸入山腰 5～10米的隧道，窑窖的大小根据贮生姜量而定。隧道底部如潮气重，可垫一层木板隔潮。生姜入窖前，窖内采取烟熏法除湿消毒，使枯枝落叶在窖内焖火自然，余烬可撒在四周；土窖可在窖内撒生石灰消毒。在离地 30 厘米处用木条架设生姜床，床上铺稻草，再把生姜分层堆放在床上，生姜上盖 15～30 厘米厚沙土，既可防止窖内凝结水滴在生姜上，又可防止生姜失水干枯。窖温保持在

10～20℃之间；当窖温降到5℃以下时，要封闭洞口，谨防冷空气侵入冻伤姜块。若贮藏期间生姜发生腐烂，必须及时剔除，并在窖内撒上生石灰。

2.坑贮　坑的大小以直径2米左右、深1米为宜，同时要考虑地下水位的高低。坑要上宽下窄，圆形或方形均可，中间立一束秸秆把，便于通风和测温。每坑能贮生姜2500千克左右。生姜摆好后，开始时表面先覆一层生姜叶，然后覆一层土。以后随气温下降，分次覆土，其总厚度约60厘米，以保持堆内有适宜的贮藏温度。坑顶用稻草或秸秆做成圆尖顶，以防雨水浸入，四周设排水沟，北面设风障防寒风侵袭。

生姜在贮藏过程中，既要防热，又要防寒。生姜刚入坑时，由于代谢快、呼吸旺盛，温度容易升高，因此坑口要多露一些；冬季坑口必须封严，严防温度过低。贮藏中要经常检查姜块有无变化，坑底绝不能积水，否则，生姜会腐烂。

3.井窖贮藏　生姜长期贮藏多采用井窖贮藏。井窖的位置应选在地势高、避风向阳的山坡地或丘陵地，向下挖一坛式井窖。口径60厘米左右，深2～2.5米，下部直径1～1.3米，在井壁上每隔50厘米，由上向下挖脚踏坑，在井下按120°均匀向三个方向掘进，各挖一个顶部圆拱形的洞室。洞室高1.3米，直径1～1.2米，每室可贮藏姜块约500千克。将姜块竖摆于洞内，每排一层生姜，撒盖一层5～6厘米厚的清洁润湿细沙，湿度以手握成团、落地散开为度，一直摆到高1米左右，然后用砖块和泥草封闭洞口。在井口搭小雨棚防雨。进窖初期外界气温较高，姜块呼吸热较多，井口敞开通气散热；到气温降到0℃左右时，应封闭井口；当气温降到－5～－10℃时，应用草把塞紧井口，上盖薄膜和草帘；气温转暖后又要随时减少覆盖，使之通气。窖藏期间要定期检查，特别是入窖后半月内要检查温湿度情况（以10～15℃、空气相对湿度60％～80％为宜），如有异常现象要及时翻窖，检查前要通风换气，以保安全。

4. 浇水贮藏法　姜块收获后，选择水源好、略透阳光的房屋或临时搭建阴凉棚，室内地面铺上垫木，把经严格挑选的姜块整齐地装在有孔隙的筐内，将筐堆放在垫木上，堆筐2～3层。视气温高低，每天向生姜筐浇凉水1～3次，最好使用地下水，温度较低。浇水目的是保持适当的低温和高湿。在浇水期，姜块会发芽，生长茎叶，有时甚至会出现秧株葱绿，茎叶高达50厘米，这属于正常情况。但如发现叶片黄萎，生姜皮发红，这就是姜块腐烂征兆，应及时处理。

入冬时，生姜秧自然枯萎，应连筐转入贮藏库，保温防冻，可再次越冬贮藏，供应到春节以后。这种贮藏方法可使姜块丰满、完整率高，但姜块会发芽，香气和辛辣味会减弱，只可作为调味品食用，不宜作为药物原料用。

(二)贮藏条件

无论采用哪种贮藏方法，掌握好贮藏环境的温、湿度都最为关键。生姜适宜的贮藏温度为10～15 ℃，低于10 ℃姜块易受冻，受冻的姜块在升温后又易腐烂；如果温度过高，生姜腐病等病害蔓延，腐烂会更为严重。贮藏适宜的空气相对湿度为90%～95%，如果湿度过大，有利于病菌繁殖而导致腐败；如果湿度过小，则会造成姜块失水、干缩，降低鲜用品质。同时，要经常检查生姜是否有腐烂现象，如果发现有烂生姜，必须迅速将烂生姜清除，并撒上生石灰进行消毒。

贮藏初期茎呼吸旺盛，温度易上升，因此要保持通风正常，下窖后约1个月，要求保持稍高的窖温(约20 ℃)，以后生姜堆逐渐下沉，要随时将覆土层上裂缝填没，防止冷空气进入。生姜窖必须严密，以保持内部良好的保存条件。窖底不能积水。窖贮的生姜可在第二年随时供应消费，但须一次出窖完毕。

二、生姜加工

生姜不仅可用来鲜食,而且可以用作加工的原料,生姜加工可以提高生姜的经济价值,延长生姜的保存和供应时间,同时可以改进生姜的品质和增加风味。

(一)盐 渍

盐渍、糖渍和酱腌的原理基本相同,都是因为这些物质的存在形成了一个高渗透压的外部环境,而与细菌等微生物细胞内部的低渗透压内环境形成较大的渗透压差,细菌细胞失水而死亡或者难以进行快速繁殖,抑制了有害微生物活动,进而可长期保存。

1.咸生姜　将鲜姜洗净、去皮、冲洗、晾干后进行盐渍。生姜、食盐比例为 10∶3,一层生姜一层盐装入缸内,每天倒缸 1～2 次,腌制6～8天后,每天倒缸 1 次,再腌制 1 个月即可封缸贮存。咸生姜成品具有鲜黄、脆嫩、清香等特点。

2.咸干姜片　将洗净、去皮的姜块切成厚 5 毫米左右的薄片,晾晒或火烤至含水 10%左右。然后按一层姜片一层盐进行盐渍,生姜、食盐比为 10∶3～3.5。15～20 天后,去掉多余盐分晒干,收藏。

3.冰生姜　选肥嫩鲜姜块,洗净、去皮,放入缸内腌 15 小时,生姜、食盐比为 100∶12。取出后切成 3 毫米厚、深达姜块 2/3 的花瓣状,再按姜、盐比 100∶22 放入缸内腌 12 天,每 2 天翻动 1 次,使其充分腌透。然后取出放在竹垫上晒至五六成干,晾晒至生姜面上呈盐霜状时即成。

4.腌姜芽　选用肥胖鲜嫩、辣味淡、生姜汁多的伏生姜,洗净、去皮,每 100 千克生姜用 20 波美度食盐水 36 千克浸泡 3～4 天后取出,换用 21～22 波美度盐水再泡 5～6 天,捞起放入另一缸内层层压紧，灌入 21～22 波美度的澄清盐卤（淹过生姜面），其上加食盐封缸（每 100 千克咸坯加食盐 2 千克）进行腌制，一般经 10～15 天可腌制完成。

5. 生姜辣酱　选鲜嫩肥胖的生姜和金红老熟鲜辣椒为原料。将生姜洗净、去皮、晾干、切片，在太阳下晒 1～2 天，晒至九成干。将辣椒去柄、洗净、沥干、切碎，磨成辣椒浆。按 100 千克姜片、35 千克辣酱、25 千克白酒、28 千克食盐的比例装入瓷缸内。装缸时按一层姜片、一层辣椒浆、一层盐的顺序重复进行，一直装到距缸口 10～15 厘米处，再将白酒慢慢注入缸中，最后密封缸口，经 25～30天可腌制完成。

6. 豆腐生姜　将生姜洗净、去皮，切成薄片，晾干表层水分，然后按 100 千克姜片加食盐 16～18 千克的比例进行腌制。腌制时，应一层姜片、一层盐装缸密封。10 天后取出姜片，暴晒至八成干时，用手揉搓，使其失水卷缩，再入缸腌制 2～3 天，取出暴晒3～5 天，边晒边揉至软豆腐状，即成豆腐生姜。也可在第二次腌制后，再将姜片入缸，并放入经烘干发酵的豆腐，密封 15～20 天，则姜片香味更浓。

7. 生姜丝辣酱　产品暗红色，有光泽，具黑色油质；气味芳香鲜美，辛辣味淡，口感脆，稍咸，略带甜味。

原料配比：生姜丝 100 千克、鲜红辣椒 100 千克、食盐 35 千克、小麦 36 千克、黄豆 12 千克、糯米 12 千克。

原料处理：将生姜洗净、去皮、切成生姜丝，然后在太阳下晒 2～3天，使之达七成干。辣椒去柄洗净，切碎，磨成浆状。食盐放入 45～60 升清洁冷开水中溶解，在太阳下晒 6～7 天。将小麦、黄豆去杂、洗净，分别放入水中浸泡 12～14 小时和 4～5 小时，使之吸足水，然后沥干，分别用猛火蒸熟，凉后放入霉房中摊至 3 厘米厚，保持温度 28～32 ℃，让其自然发酵。一般经 2～3 天出现菌丝时，进行短时间开窗通风，将房内温度降至 25～26 ℃。6 天后，小麦、黄豆便可充分发酵，然后移至室外充分晾干粉碎，并除去霉灰等杂物，以待拌料。

拌料程序：先把小麦粉倒入盆内用食盐水混合，再放入黄豆粉，拌匀后放太阳下晒3～5天，然后把洗净蒸熟的糯米按量拌入，继续晒至酱褐色。初酱晒好后，将辣椒浆、生姜丝一起拌入，拌匀后继续暴晒1～2天，每天翻拌2次，使其晒透，防止变黑。若晒时遇雨，应及时封严，以防进水变质。

（二）糖　渍

1. 白糖姜片　将鲜嫩肥胖生姜去皮，切成0.5厘米厚的薄片，放入沸水中煮至半熟（透明状）时取出，放入水中冷却，而后捞出沥干水分，装缸。按每100千克生姜用白糖35千克，分层糖渍24小时，再将姜片连同糖液一起倒入铜锅中，再加白糖30千克，煮沸浓缩至糖浆可拉成丝时为止（此时糖液浓度达80%以上），捞出姜片后，沥出糖浆，晾干后放入木槽内拌糖10千克左右，筛去多余白糖，姜片便附有一层白色糖衣，即成为白糖姜片。

2. 红姜片　将生姜洗净、去皮、切片，在水中漂洗5～7天后，捞出晾干进行糖煮。当姜片鲜黄透明后捞出冷却，按一层姜片一层白糖放入缸内，并按100千克姜片加食盐5～8千克，经30分钟左右，部分糖与食盐融化，渗入姜片组织内，后经低温处理，使姜片上凝粘白砂糖。再按每100千克姜片用胭脂红35克染色拌匀，经25天左右即成。

（三）酱　腌

1. 酱生姜　该品片薄脆嫩、鲜甜咸辣、香味浓郁，为佐餐佳品。主要工艺流程为：

选料→水洗→脱皮→盐腌→切片→酱制→装袋→成品

选料：选择质地脆嫩、皮色细白的鲜姜做原料，以寒露前收获的生姜为佳。

盐腌：将去杂、无碎坏的好生姜洗净，放入桶内，加水后用棍棒搅拌，脱去生姜皮。然后沥水，入缸盐腌。每千克生姜加盐100克，放一层生姜加一层盐。腌制15天左右取出，中间翻动2～3次。

酱制：将盐腌后的生姜切成薄片，用清水洗净，沥干后加料，每5千克姜片约加糖精1克、苯甲酸钠(防腐剂)0.5克、味精2克，优质酱油适量，拌匀后装入布袋内，再将袋投入到稀甜酱中，每周翻动1次。夏季30天、秋季45天、冬季60天左右即可食用。

2. 酱生姜

(1)原料配比 生姜坯100千克、豆豉15千克、酱油3千克、60度白酒1千克、苯甲酸钠100克。

(2)制作过程 将生姜坯切成块瓣，再按生姜形大小切成3～4片，置于竹席上暴晒，每100千克姜片晒至60千克左右。与此同时，将豆豉放在木甑内蒸至甑盖边出现大量的汽即可。将蒸好冷却的豆豉拌入晒干的姜片内装坛，要求一层生姜坯一层豆豉，入坛后压紧封口。经10～15天后取出，仔细筛去豆豉，再在姜片内放入酱油、白酒、苯甲酸钠后拌匀、入坛压紧、密封；再经20～30天，即得黄褐色、味鲜、辛辣、脆嫩的酱生姜制品，然后包装出售。

(四)干 制

生姜干制的原理是使生姜水分减少到最低限度，可溶性物质的浓度相对提高，微生物不能对其进行破坏利用。在干制加工中，生姜本身所含酶的活性被杀死被抑制，使干制品能够长期保存。

1. 干姜块 选用块大、肥壮、饱满的黄皮鲜姜做原料。用非金属刀具去皮后，晾干水，再进行烘烤，烘烤燃料最好用木炭，如用煤应用含硫量低的无烟煤。烘烤温度第一天为80～90 ℃，第二天

70～80 ℃，第三天 60 ℃，第四、第五天 50 ℃左右。烘烤过程中要经常翻动，每 2 小时翻动 1 次，一般经 5 天烘烤，当姜块用手折断发出清脆的声音，断面有几根生姜丝即可。冷却后，用无毒塑料袋包装即为成品。

出口干姜块要求干爽、清洁、无杂质、色白微黄、表面光滑、形态完整、肉厚质嫩、味香辣、不焦、不霉、不碎。

2. 干姜片　将生姜去泥沙、搓皮、洗净、晾干，切成 0.3～0.5 厘米厚的姜片，每 100 千克鲜姜片加食盐 3.5 千克，分层腌制 3～5 天，待食盐融化渗透后，捞出晾干或用烘箱烘干即成。每 100 千克原料可生产生姜干 15～25 千克。成品用无毒塑料袋包装，注意防潮、防虫，可保存 2 年左右。

出口姜片要求干爽、粉白色、有香气、均匀整齐、无碎片、无斑点、无枯焦、无霉变。

3. 脱水姜片　取生姜洗净、晾干，切成 0.5 厘米厚的姜片，置于沸水中烫漂 5～6 分钟，捞出后用干净冷水冷却，沥干水分后把姜片摊在烘盘上摊筛。摊筛时要求四周稍厚、中间稍薄、前端稍厚、后端稍薄，才能达到干燥均匀的效果。将摊筛好的姜片置于烘房内烘干。烘干温度应由低到高，开始 45～50 ℃，最后65～70℃。烘烤 5～7 小时，姜片呈不软不焦状态，含水量达 11%～12%时即可出房。挑出杂质、碎屑，将合格产品装入塑料袋中密封保存，保质期 2 年左右。

4. 普通生姜粉　将生姜洗净、去皮，切成 1～2 毫米厚的方块，置于烘房内烘干，再磨成粉即成。若在研磨时加入 15%～18%的食盐，用容器密封，可长久保存。

5. 调料生姜粉　将脱水姜片粉碎成粉末状后，加入 1%天然胡萝卜素、1%谷氨酸钠及 6%白糖粉，拌匀后即成。产品装入塑料袋密封，可长久保存。

(五)其他加工方式

1. 五味生姜　选用寒露前后收获的嫩姜，用清水淘洗后放入桶中，加入半桶水，用棍棒搅拌使生姜皮脱落。把生姜取出，沥干，倒入缸中腌渍。每 50 千克生姜加食盐 5 千克，放一层生姜加一层盐，腌制 15 天，中间翻动 2～3 次。将盐腌生姜取出，晾晒几小时，用木棒捶打生姜，使其组织变得松软。取 25 千克生姜放入木桶中，另将糖精 100 克和胭脂红 2 克用开水溶解于同一容器中，柠檬酸 100 克溶解于另一容器中，然后将两种拌料一同放进生姜桶中，反复翻动拌匀，浸泡 3 天，中间翻动 2～3 次。取出生姜晾晒至八成干，经常翻动，使干湿均匀，色泽一致。

2. 桂花生姜　将鲜姜 100 千克洗净，刮掉外皮，用 8 千克食盐腌 10 天后捞出，晾干，再切成薄片，装入坛中。将 100 千克白糖放进锅中熬煮，到起白沫时，把 20 千克蜂蜜与 15 千克冷开水搅拌均匀冲入糖浆中，并撒进 2 千克鲜桂花，取出冷却，倒进坛内浸泡。15 天后即为成品。

3. 甘草酸梅生姜　选取肉质肥厚、鲜嫩、无病虫的子姜，用清水洗净，刮去浮皮，再横切成小圆片。在姜片中加入 10％精盐拌匀，放置 3 小时，然后投入含有 3％明矾的清水中浸泡 1 天。将浸泡过的姜片取出，投进沸水中热烫 5 分钟，取出沥干。取砂糖 10 千克加清水 5 千克，搅拌溶解，再加甘草粉末 1 千克、丁香粉末 40 克、苯甲酸钠 30 克，混合后，加入姜片 25 千克，浸渍 2 天，每天翻拌 3 次。将浸渍后的姜片移入烘盘，摊放匀，以 65 ℃烘到表面干燥，再用剩余汁液浸渍，反复吸附完汁液，再最后烘干至含水量不超过 8％。待成品冷却，用聚乙烯袋真空包装。

4. 糖醋生姜　选肥大鲜姜洗净、去皮、沥干水后，按 100 千克生姜加 20 千克食盐入缸腌制，食盐要均匀撒在生姜面上，最上层多撒一些，压上重石，腌制 2 天，使之初步脱水，捞出姜块，沥水

2～3小时，再按 100 千克生姜加 15 千克食盐腌制，盖盖、压石，2 个月后即成生姜坯。将生姜坯切成长、宽各 2 厘米，厚 1～2 毫米厚的薄片，放清水中浸泡 17 小时，中间换水 1 次。捞出后，用清水冲洗放入箩筐内，上加 50%生姜重量的石块压水 1 小时，然后将姜片倒入缸内，加入白醋，使之漫过生姜，1 天后捞出，沥水 1 小时后再分盆上色。每 100 千克姜片用胭脂红 30 克、柠檬黄 10 克，加 6 千克开水稀释并分成 24 份，分别将色素液倒入每份姜片中，拌匀后糖渍。拌糖分 3 次，第一次加糖 35 千克，1 天后再拌进 35 千克，以后每隔 1 天，拌进 20 千克糖。隔 4～5 天后，将糖液全部倒入锅内，加热煮沸后，再加糖 10 千克，文火煮 90 分钟，使糖液浓缩，冷却至 60 ℃时倒入盛生姜的缸内。糖渍 4～5 天后再进行第二次浓缩糖液，冷却，入缸，1 周后即成。

5. 糟生姜　原料配比：新鲜姜 100 千克、食盐 2 千克、红糟 13 千克。

制作过程：将生姜洗净、去皮，放入缸中。然后将食盐加 35 千克清水烧沸，冷却后加入红糟拌匀即为糟汁，倒入缸中，糟汁以淹没生姜为度；腌浸 30 天后，即得糟生姜成品。糟生姜贮于糟汁中，能经年不坏。

6. 酸生姜　选择幼嫩、无虫眼、无伤疤的鲜姜，洗净、晒干后切成块瓣，再按每 100 千克块瓣加香醋 35 千克、食盐 10 千克、花椒 1 千克的比例配合，一起入缸内浸腌（将缸置于低温的室内），经常搅动。经 15 天左右，即得别具风味的酸生姜。

参考文献

[1] 吴德邻. 生姜的起源初探[J]. 农业考古，1985,(2).

[2] 李玲. “辐育一号”大姜优质高产栽培技术[J]. 中国果菜，2006,(3).

[3] 苗春凤，徐跃亮，于丽萍，等. 生姜新品种金昌大姜[J]. 中国果菜，2006,(5).

[4] 张国芹，徐坤. 生姜新品种山农 1 号、98168 生长特性及产量品质的测定[J]. 山东农业科学，2007,(5).

[5] 千桂. 生姜优良品种介绍(上、下)[J]. 农业知识，2011(11，14).

[6] 张 华，魏训培，魏福刚. 防止姜种性退化的技术措施[J]. 中国种业，2008,(8).

[7] 肖佩民，张绪成，肖希颖，等. 植物品种退化的原因及防止措施[J]. 现代农业科技，2009,(23).

[8] 谢联辉，林奇英. 植物病毒学[M]. 北京:中国农业出版社，2004.

[9] 唐克轩. 中草药生物技术[M]. 上海:复旦大学出版社，2005.

[10] 张秀清，王春英，刘玉敬，等. 莱芜片姜生长点的离体培养与快速繁殖[J]. 植物生理学通讯，1995，31(3).

[11] 葛胜娟，平培元，徐美铃，等. 不同苗质及移栽条件对新丰生姜组培苗成活率的影响[J]. 中国农学通报，2003，19(4).

[12] 葛胜娟. 生姜组培苗的培育及其生产应用[J]. 中国农学通报，2007，23(5).

[13] 刁兴才. 生姜的群体结构与产量构成因素分析[J]. 中国果菜，2007,(1).

[14] 任清盛. 脱毒姜种性优势及栽培前景[J]. 长江蔬菜，2000，(4).

[15] 刘亦清，陈泽雄，吴中军. 生姜脱毒种苗移栽基质筛选及肥水调控研究[J]. 北方园艺，2010,(2).

[16] 罗天宽，张小玲，唐征，等. 生姜脱毒苗成本分析及低成本生产技术研究[J]. 长江蔬菜，2007,(1).

[17] 高光林，孙 英，唐立平. 降低植物组培成本的技术研究进展[J]. 安徽农业科学，2010，38 (16).

[18] 刘奕清，陈泽雄，廖林正. 生姜原原种标准化设施培育技术[J]. 北方园艺，2010,(8).

[19] 杨云颖，乔晓峰，李庆宏，等. 姜种苗组培及栽培技术[J]. 贵州农业科学，2009，37(9).

[20] 区力松，王晓云，杨家明，等. 不同播种期对罗平小黄姜主要经济性状影响的研究[J]. 耕作与栽培，2006,(1).

[21] 王光美，徐 坤，张玉海. 种块大小对生姜生长及产量的影响[J]. 中国蔬菜，2003,(1).

[22] 徐坤，邹琦，赵燕. 土壤水分胁迫与遮阴对生姜生长特性的影响[J]. 应用生态学报，2003,(10).

[23] 李录久，胡永年，徐志斌，等. 生姜氮、磷、钾平衡施肥技术研究[J]. 安徽农业科学，2002，30(6)：863～864.

[24] 王馨笙，徐坤，杨天慧. 生姜对氮、磷、钾吸收分配规

律研究[J]. 植物营养与肥料学报，2010，16(6).

[25] 李录久，金继运，陈防，等. 钾、氮配施对生姜产量和品质及钾素利用的影响[J]. 植物营养与肥料学报，2009，15(3).

[26] 王晓云，程炳篙. 锌与硼对莱芜生姜生长及产量的影响[J]. 中国蔬菜，1994(1).

[27] 张乃国，杨贵华，李春梅，等. 硼、锌对莱芜大姜生长发育及产量的影响[J]. 农业科技通讯，2006，(1).

[28] 赵德婉，徐坤，艾希珍，等. 乙烯利浸种对生姜增产效应的研究[J]. 中国蔬菜，1994，(2).

[29] 李润根，黄艳. 乙烯利浸种对不同品种姜生长及产量的影响[J]. 湖北农业科学，2010，49(6).

[30] 杨征林，陈维玉，周绪元. 生姜秋延迟栽培技术[J]. 北方园艺，1999，(5).

[31] 李作科，姜和诚，王永森，等. 微喷灌技术在生姜生产中的应用[J]. 山东水利，2002，(7).

[32] 邓泽良. 采收“三生姜”技巧[J]. 农村百事通，1998，(6).

[33] 李胜奇. 姜田甜菜夜蛾的发生与防治[J]. 蔬菜，2001，(10).

[34] 刘新民. 生姜异形眼蕈蚊的发生及防治[J]. 河南农业，2003，(9).

[35] 戴邦元. 生姜的贮藏方法[J]. 特种经济动植物，2002，(8).

[36] 高贵涛. 盐渍生姜加工七法[J]. 蔬菜，2011，(4).

[37] 王燕．生姜制品加工技术[J].农业科技开发,2002,(11).

[38] 王迪轩,曹永辉,彭志得.生姜的几种加工方法[J].上海蔬菜,2002,(3).

[39] 何永梅.生姜五种干制法[J].科学种养,2007,(1).

[40] 罗天宽，张小玲. 生姜脱毒与高产高效栽培[M]. 中国农业出版社，2009.

[41] 赵德婉,等. 生姜高产栽培[M].北京:金盾出版社,2005.

[42] 高山林，卞云云，陈柏君. 生姜组织培养脱病毒、快繁和高产栽培[J]. 中国蔬菜，1999,(3).

[43] 高山林. 脱毒生姜高产栽培技术[J]. 农业新技术，2005,(1).

[44] 曾杨，高山林，王蔚，等. 脱病毒生姜同源四倍体的诱导和鉴定[J]. 药物生物技术，2006，13(5).

[45] 韦坤华，高山林. 生姜四倍体育种的品质评价[J]. 药物生物技术，2011，18(1).

[46] 王晓娟，杨浩清，王卫东. 无公害生姜病虫害的综合防治技术[J]. 蔬菜，2003,(5).

[47] 姚继贵. 铜陵地区生姜留种存在的问题及其技术措施[J]. 安徽农学通报，2008，14(8).

[48] 谢雪芳. 生姜如何留种复壮[J]. 当代蔬菜，2005(12).

[49] 马伟，郑玉梅，刘青林. 组培苗的成本核算与控制[J]. 北京林业大学学报，2001，23(8).

[50] 刘振伟，李庆芝，史秀娟. 生姜组织培养研究进展[J]. 中国蔬菜，2010,(10).

[51] 刘振伟，史秀娟，赵济红. 生姜育种研究进展[J]. 北方园艺，2009,(6).

[52] 程伟. 无公害生姜生产技术操作规程[J]. 中国农业信息，2005,(12).

[53] 梅福杰，李松，孙国荣，等. 烟台市无公害生姜生产技术规程[J]. 山东蔬菜，2004，(1).

[54] 张西森. 生姜高产栽培技术[J]. 现代农业科技(园艺博览)，2008，(17).

[55] 顾大路，赵秉军. 生姜露地高产栽培技术[J]. 江西农业学报，2007，19(1).

[56] 肖运成. 无公害生姜采后产品标准化处理技术[J]. 安徽农业科学，2006，34(3).

金盾版图书，科学实用，通俗易懂，物美价廉，欢迎选购

书名	定价
蔬菜灌溉施肥技术问答	18.00
现代蔬菜灌溉技术	9.00
绿色蔬菜高产 100 题	12.00
图说瓜菜果树节水灌溉技术	15.00
蔬菜施肥技术问答(修订版)	8.00
蔬菜配方施肥 120 题	8.00
蔬菜科学施肥	9.00
露地蔬菜施肥技术问答	15.00
设施蔬菜施肥技术问答	13.00
无公害蔬菜农药使用指南	19.00
菜田农药安全合理使用 150 题	8.00
新编蔬菜优质高产良种	19.00
蔬菜生产实用新技术(第 2 版)	34.00
蔬菜栽培实用技术	32.00
蔬菜优质高产栽培技术 120 问	6.00
种菜关键技术 121 题(第 2 版)	17.00
无公害蔬菜栽培新技术(第二版)	15.00
环保型商品蔬菜生产技术	16.00
商品蔬菜高效生产巧安排	6.50
青花菜高效生产新模式	10.00
稀特菜制种技术	5.50
大棚日光温室稀特菜栽培技术(第 2 版)	12.00
怎样种好菜园(新编北方本·第 3 版)	27.00
怎样种好菜园(南方本第二次修订版)	13.00
蔬菜高效种植 10 项关键技术	11.00
茄果类蔬菜栽培 10 项关键技术	10.00
蔬菜无土栽培新技术(修订版)	16.00
图解蔬菜无土栽培	22.00
穴盘育苗·图说棚室蔬菜种植技术精要丛书	12.00
嫁接育苗·图说棚室蔬菜种植技术精要丛书	12.00
黄瓜·图说棚室蔬菜种植技术精要丛书	14.00
茄子·图说棚室蔬菜种植技术精要丛书	12.00
番茄·图说棚室蔬菜种植技术精要丛书	14.00
辣椒·图说棚室蔬菜种植技术精要丛书	14.00
豆类蔬菜·图说棚室蔬菜种植技术精要丛书	14.00
病虫害防治·图说棚室蔬菜种植技术精要丛书	16.00
蔬菜穴盘育苗	12.00
蔬菜穴盘育苗技术	12.00

书名	定价
蔬菜嫁接育苗图解	7.00
蔬菜嫁接栽培实用技术	12.00
蔬菜间作套种新技术(北方本)	17.00
蔬菜间作套种新技术(南方本)	16.00
蔬菜轮作新技术(北方本)	14.00
蔬菜轮作新技术(南方本)	16.00
温室种菜难题解答(修订版)	14.00
温室种菜技术正误 100 题	13.00
高效节能日光温室蔬菜规范化栽培技术	12.00
名优蔬菜反季节栽培(修订版)	25.00
名优蔬菜四季高效栽培技术	11.00
保护地蔬菜高效栽培模式	9.00
露地蔬菜高效栽培模式	9.00
蔬菜地膜覆盖栽培技术(第四版)	10.00
两膜一苫拱棚种菜新技术	9.50
塑料棚温室种菜新技术(修订版)	29.00
寿光菜农设施蔬菜连作障碍控防技术	13.00
寿光菜农种菜疑难问题解答	19.00
南方菜园月月农事巧安排	10.00
南方蔬菜反季节栽培设施与建造	9.00
南方高山蔬菜生产技术	16.00
南方早春大棚蔬菜高效栽培实用技术	14.00
南方稻田春季蔬菜栽培技术	8.00
南方秋延后蔬菜生产技术	13.00
南方秋冬蔬菜露地栽培技术	12.00
长江流域冬季蔬菜栽培技术	10.00
绿叶菜类蔬菜良种引种指导	13.00
根菜类蔬菜良种引种指导	13.00
瓜类蔬菜良种引种指导	16.00
四季叶菜生产技术 160 题	8.50
芹菜优质高产栽培(第 2 版)	11.00
大白菜高产栽培(修订版)	6.00
茼蒿蕹菜无公害高效栽培	8.00
白菜甘蓝类蔬菜制种技术	10.00
红菜薹优质高产栽培技术	9.00
甘蓝类蔬菜周年生产技术	8.00
根菜类蔬菜周年生产技术	12.00
萝卜高产栽培(第二次修订版)	7.00
萝卜胡萝卜无公害高效栽培	9.00
蔬菜加工专利项目精选	13.00
马铃薯栽培技术(第二版)	9.50
马铃薯芋头山药出口标准与生产技术	10.00
马铃薯高效栽培技术(第 2 版)	18.00